Das gesunde Unternehmen

Detlef Kuhn, geb. 1956, ist Studienassessor und Systemischer Organisationsberater und arbeitet als Geschäftsführer des Zentrums für angewandte Gesundheitsförderung und Gesundheitswissenschaften (ZAGG) in Berlin. Zuvor war er bei der Deutschen Herz-Kreislauf-Präventionsstudie und dem Bundesgesundheitsamt tätig. Außerdem engagiert er sich als Sprecher des Arbeitskreises Betriebliche Gesundheitsförderung bei Gesundheit Berlin und Brandenburg e. V.

Franziska Naumann, geb. 1980, ist Arbeits- und Organisationspsychologin (M.Sc.) und Logopädin. Seit 2016 ist sie ZAGG-Beraterin und gibt Workshops zu den Themen Kommunikation sowie Prävention stressbedingter Gesundheitsbeschwerden und Stimmstörungen bei Sprechberuflern. Sie ist spezialisiert auf die Durchführung von Gefährdungsbeurteilungen psychischer Fehlbelastungen und hat zudem Erfahrungen mit Potential-Diagnostik und Teamentwicklung im Spitzensport.

Patrick Patzwald, geb. 1989, ist Sportmanager (duales Studium: Spezialisierung Fitness- und Gesundheitsmanagement, B.A.). Der Praxisbetrieb während des Studiums war das FHC Sportstudio Berlin, wo er als Trainer B-Lizenz, Ernährungsberater sowie in der Mitgliederbetreuung tätig war. Nach seinem Studium arbeitete er als Personal Trainer bei Berlin Personal Training. Seit 2015 ist er ZAGG-Berater.

Anja Volkhammer, geb. 1985, ist Diplom-Psychologin und Personalentwicklerin. Bevor sie 2010 ZAGG-Beraterin wurde, war sie für das Adipositastraining mit Kindern und Jugendlichen im Patienten-Trainings- und Beratungszentrum PTZ (Universität Potsdam) und die Familienberatungsstelle „Parduin" Brandenburg/Havel tätig.

Uta-Maria Weißleder, geb. 1979, ist Volljuristin, Gesundheitswissenschaftlerin (MPH), Heilpraktikerin für Psychotherapie und ZAGG-Beraterin. Seit 2012 ist sie Personalreferentin bei der Vivantes Netzwerk für Gesundheit GmbH mit den Schwerpunkten Arbeitsrecht und Betriebliches Eingliederungsmanagement. Als stellvertretende Vorsitzende des Vereins Leben nach Krebs! e.V. begleitet sie Betroffene bei dem Wiedereinstieg in das Arbeitsleben.

Hannes Will, geb. 1989, ist Psychologe (M.Sc.) und Usability & User Experience Professional. Er ist ausgebildet im Coaching, in der Teamentwicklung und der systemischen Beratung. Seine fachlichen Schwerpunkte liegen in der Gefährdungsbeurteilung psychischer Fehlbelastungen, Beratung zur Belastungssenkung und Prozessoptimierung. Von 2015 bis 2017 war er Berater und wissenschaftlicher Mitarbeiter im ZAGG.

Detlef Kuhn, Franziska Naumann, Patrick Patzwald,
Anja Volkhammer, Uta-Maria Weißleder, Hannes Will

Das gesunde Unternehmen

Betriebliches Gesundheitsmanagement – aus der Praxis für die Praxis

Mabuse-Verlag
Frankfurt am Main

Bibliografische Information der Deutschen Nationalbibliothek
Die Deutsche Nationalbibliothek verzeichnet diese Publikation in der
Deutschen Nationalbibliografie; detaillierte bibliografische Angaben sind im
Internet unter http://dnb.d-nb.de abrufbar.

Informationen zu unserem gesamten Programm, unseren AutorInnen
und zum Verlag finden Sie unter: www.mabuse-verlag.de.

Wenn Sie unseren Newsletter zu aktuellen Neuerscheinungen und
anderen Neuigkeiten abonnieren möchten, schicken Sie einfach
eine E-Mail mit dem Vermerk »Newsletter« an: online@mabuseverlag.de.

© 2018 Mabuse-Verlag GmbH
Kasseler Str. 1 a
60486 Frankfurt am Main
Tel. : 069 – 70 79 96 13
Fax : 069 – 70 41 52
verlag@ mabuse-verlag.de
www.mabuse-verlag.de

Umschlaggestaltung : Marion Ullrich, Frankfurt am Main
Druck : CPI books GmbH, Leck
ISBN : 978-3-86321-399-2

Inhaltsverzeichnis

1. Einleitung

Gesundheit in Unternehmen bedeutet im Wesentlichen körperliches und mentales Wohlbefinden sowie Zufriedenheit bei der Arbeit. Hierfür kann Betriebliches Gesundheitsmanagement (BGM) einen wichtigen Beitrag leisten. Von betrieblichen Akteuren[1] wird das Gestalten von BGM jedoch mitunter als sehr komplex eingeschätzt und eher mit vorsichtiger Zurückhaltung betrachtet. Dabei kann BGM die Unternehmen bei der Entfaltung ihrer wichtigsten Ressource – den Menschen – unterstützen und so dazu beitragen, Unternehmensziele optimal zu erreichen. Daher geht es in diesem Buch darum, das Thema leicht verständlich und praxisnah zu vermitteln und gleichzeitig erfolgversprechende Anregungen zu geben, wie ein guter Start in das BGM in Ihrem Betrieb gelingen kann. Zudem sind gesunde Unternehmensstrukturen und gesunde Beschäftigte auch im Kleinbetrieb keine Utopie! Klein- und Kleinstunternehmen benötigen jedoch aufgrund zum Teil begrenzter finanzieller oder zeitlicher Ressourcen besondere Unterstützung bei der Einführung gesundheitsfördernder Maßnahmen auf dem Weg zum BGM.

In diesem Buch tragen die Autor/innen ihre jahrzehntelange Erfahrung in diesem Feld zusammen und benennen die wichtigsten Erfolgsfaktoren für die Einführung von BGM. Dabei soll deutlich werden, wie Betriebe motiviert werden können und die notwendigen Schritte ins BGM realisierbar werden, um durch ein gesteigertes körperliches und mentales Wohlbefinden die Arbeitsleistung positiv zu beeinflussen.

Für ein grundlegendes Verständnis von Gesundheitsförderung und BGM müssen Sie weder Psychologie, noch Betriebswirtschaft studiert haben, noch Fachkraft für Arbeitssicherheit oder Arbeitsmedizin sein. Zunächst reicht das Interesse am Thema, die Lust an Weiterentwicklung und die Bereitschaft, sich mit dem Thema Gesundheit im Arbeitskontext auseinanderzusetzen. Begleitet von der eigenen Expertise für Ihren Betrieb ist der Grund-

---

[1] Zugunsten der Lesbarkeit werden entweder geschlechtsneutrale Bezeichnungen verwendet (Beschäftigte) oder es wird von der DUDEN-Regel abgewichen, um mit einer vereinfachenden Schreibweise beiden Geschlechtern sprachlich gerecht zu werden (z. B. Kolleg/innen oder Mitarbeiter/innen).

stein für die Lektüre gelegt. Und sollten Sie doch einmal über Begrifflich-keiten stolpern, finden Sie in Kapitel 10 ein Glossar mit Begriffen die typisch für den BGM-Kontext sind.

Besonders aufgrund aktuell relevanter Entwicklungen, wie dem demografischen Wandel, dem Fachkräftemangel und der Digitalisierung hat Gesundheit durch die sich verändernden Herausforderungen auch in Betrieben erheblich an Bedeutung gewonnen. Nehmen Sie diese Herausforderung an!

Anmerkung:

Das Buch wurde von einem multiprofessionellen Team mit vielfältigen Praxiserfahrungen verfasst. Auf das Angleichen der unterschiedlichen Schreibstile wurde dabei bewusst verzichtet. Die daraus resultierende Lebendigkeit des Buches, angereichert mit vielen Beispielen aus der Praxis, soll zum besseren Verständnis der zum Teil doch recht komplizierten Zusammenhänge beitragen. Das Redaktionsteam wünscht Ihnen nun viel Spaß beim Lesen und hofft, dass Sie eine Reihe von Anregungen finden, die Sie in Ihren Berufsalltag übertragen können.

2. Begrifflichkeiten der Gesundheitsförderung

2.1 Was ist Gesundheit?

Ralf war schon lange nicht mehr krank. Er hatte den Firmenrekord, hatte ihm eine Führungskraft mit einem anerkennenden Schlag auf die Schulter gesagt. Das stimmte zwar irgendwie, aber gleichzeitig auch wieder nicht. Ralf hatte zwar wirklich lange keine Grippe mehr und für Verletzungen durch einen Unfall war er seiner Meinung nach viel zu vorsichtig, aber irgendwie fühlte er sich nicht besonders gesund – wenn man ihn nur fragen würde. Die vielen Aufgaben im Job machten ihn ziemlich fertig. Zunächst fühlte er sich herausgefordert und freute sich über die Anerkennung sowie die neuen verantwortungsvollen Aufgaben. Doch langsam schlich sich ein Gefühl der Überforderung ein. Schon der Gedanke an den Zeitdruck und die vielen Abgabetermine ließ ihn innerlich zusammenschrumpfen. Gesund sollte sich anders anfühlen, dachte Ralf bei der Aussage seines Chefs und verkroch sich in seine Werkstatt.

Gesundheit ist mehr als nur die Abwesenheit von Krankheiten. Vielmehr ist es der Zustand, in dem sich der Mensch nicht nur körperlich, sondern auch geistig und sozial wohl fühlt (nach Definition der WHO von 1946).

Auch wenn Ralf körperlich gesund scheint, fühlt er sich nicht wohl in seiner Haut. Ist er nun aber gesund oder krank? So ganz einfach ist es nicht, das mit 100%iger Sicherheit zu sagen. Würde ein Arzt ihn als gesund beschreiben? Ein Kollege? Sein Chef?

Es ist Januar und Martina hat sich erkältet. Eigentlich wie immer zum Jahresbeginn. Sie schleppt sich mit triefender Nase zur Arbeit, hat Kopfschmerzen und kann sich kaum konzentrieren. Ihre Kollegin wäre schon längst beim Arzt – Martina nicht. Noch drei Stunden im Büro, ob sie die noch durchhält? Im Moment fühlt sie sich hundeelend und hat eher das Gefühl, sich sofort hinlegen zu müssen, die Augen zu schließen und nichts hören zu müssen. Warum eigentlich nicht mal kurz zur Entspannung die Augen schließen – ja, das fühlt sich gut an! Dabei denkt Martina an das Treffen nach der Arbeit. Ihre beste Freundin hat sie schon so lange nicht mehr ge-

sehen und sie freut sich riesig auf heitere Gespräche im Café. Bei dem Ge-
danken daran geht es ihr schlagartig besser. Da werden ihr die Kopf-
schmerzen auf jeden Fall keinen Strich durch die Rechnung machen, so
schlimm ist es nun auch wieder nicht. Also los an die Arbeit! Der Nachmit-
tag wird lang und lustig, Martina vergisst ihre Erkältung bei all dem Spaß
und bemerkt erst wieder, dass sie krank ist, als sie abends völlig fertig auf
die Couch fällt.

Ist Martina nun eigentlich krank oder gesund? Leider gibt es auch hierfür
keine völlig zutreffende Antwort, denn erstens ist nicht entscheidend, ob
jemand objektiv gesund ist, sondern ob er/sie sich gesund fühlt. Zweitens
fühlen wir uns selten ENTWEDER krank ODER gesund. Wir haben zu jeder Zeit gesunde und kranke Anteile in uns. Hilfreich ist es, sich auf die gesunden Anteile zu konzentrieren. Manchmal ist es nun mal nicht möglich,
die belastenden Bedingungen zu ändern. Dann ist es entscheidend, sich auf
das, was funktioniert, zu konzentrieren, weiter zu pflegen und zu stärken.
Unser Gesundheitsempfinden unterliegt drittens auch immer äußeren bzw.
subjektiven Einflüssen.

Ob wir uns eher gesund oder eher krank fühlen, wird durch den Kontext
bestimmt, in dem wir uns gerade befinden. Haben wir Kopfschmerzen, werden wir diese stärker empfinden, wenn wir in einer Situation sind, die uns
belastet. Befinden wir uns aber in einem Kontext, der uns grundsätzlich
Freude bereitet und guttut, kann es durchaus passieren, dass unsere Schmerzen in den Hintergrund treten. So geht es auch Martina im vorherigen Beispiel. Hätte sie nicht an ein nettes Treffen, sondern an die bevorstehende
private Steuererklärung gedacht, hätte sie sich eher elend als besser gefühlt.

Wenn es um Gesundheitsförderung auf betrieblicher Ebene geht, geht es
auch immer um die Balance zwischen Belastungen und Ressourcen, die eine
Person während ihrer Arbeit erlebt (siehe Tabelle 1). Verglichen mit einer
Waage stellt sich ein Gefühl von Gesundheit vor allem dann ein, wenn sich
beide Seiten gut ausbalancieren lassen (siehe Abbildung 1).

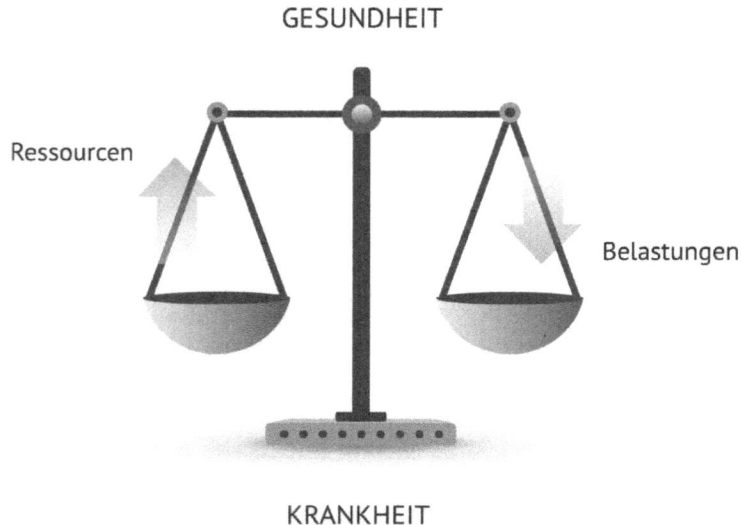

Abbildung 1: Gesundheit im Gleichgewicht

Es geht folglich zum einen darum, die eigenen Belastungen bzw. die Belastungen der Beschäftigten zu erkennen und zu vermindern, um gesund zu bleiben oder zu werden. Zum anderen geht es jedoch vor allem auch darum, zu erkennen, welche Aspekte der Arbeit gut laufen (Ressourcen). Was motiviert, schweißt zusammen, gibt Sicherheit und Anreiz, in einem bestimmten Betrieb zu arbeiten? Hieraus ergeben sich Ressourcen und damit motivierte Beschäftigte, was wiederum dem Betrieb deutliche Wettbewerbsvorteile bringt. Nachfolgend werden einige Beispiele in übersichtlicher Form dargestellt – wie sieht es bei Ihnen aus?

Arbeitsbezogene Ressourcen	Arbeitsbezogene Belastungen
Gesundes Führen	Termin- und Zeitdruck
Gutes Arbeitsklima	Ungünstiges Führungsverhalten
Wertschätzungskultur	Angespanntes Betriebsklima
Guter Informationsfluss	Emotionsarbeit
Faire Bezahlung	Angst vor Arbeitsplatzverlust
Pausen/Distanzierungs-möglichkeiten	Mangelnder Informationsfluss
Soziale Unterstützung	Unklare Zuständigkeiten
Organisationale Stabilität	Über-/Unterforderung
Herausfordernde Tätigkeit	Umstrukturierungen
Handlungsspielräume	Mangelnde Aufstiegsmöglichkei-ten
Entwicklungsmöglichkeiten (inhaltlich und materiell)	Häufige Überstunden
Mitbestimmung der Beschäftigten	Demografischer Wandel
Rückmeldung über Arbeitsergeb-nisse	Ungeklärte Konflikte
	Entgrenzung der Arbeit (Handy)
	Arbeitsverdichtung
	Mangelnde Planbarkeit der Ar-beitszeit

Tabelle 1: Spezifische arbeitsbezogene Ressourcen und Belastungen

2.2 Welche Bedeutung hat Gesundheit für Ihr Unternehmen?

Ralf fühlte sich durch den Termin- und Zeitdruck deutlich belastet, während er die zunächst herausfordernde Tätigkeit an sich als Ressource wahrnehmen konnte. Nur scheint er mittlerweile Probleme damit zu haben, seine persönliche Waage wieder ins Gleichgewicht zu bringen. Aber ist er dafür nur selbst verantwortlich, oder tragen auch sein Vorgesetzter, seine Kollegen/innen oder der Betrieb als Ganzes Verantwortung für die Lösung des Problems?

Vor Jahren war der Krankenstand eines Unternehmens das Argument, um mit Prävention und Gesundheitsförderung zu starten. Das ist nachvollziehbar, mit Zahlen gut belegbar und in den unterschiedlichsten Ausprägungen ganz bestimmt eine erhebliche Störung für die betrieblichen Abläufe. Daher wurden diverse Konzepte für ein wirkungsvolles, aber auch weniger nützliches Fehlzeitenmanagement entwickelt, auf den Markt gebracht und hoffnungsfroh umgesetzt. Zu den bekanntesten Maßnahmen zählen sicher die Rückkehrgespräche. Schon allein an diesem Konzept hat sich in den letzten Jahrzehnten gezeigt, dass damit so gut wie alles erreicht werden kann: eine kurzfristige Senkung des Krankenstands, sogar eine langfristige positive Entwicklung, aber auch eine langfristige Erhöhung des Krankenstands über das Ausgangsniveau hinaus. Eben fast alles, aber leider schwer vorhersagbar!

Erklärungen für diese Sonderform der Beschäftigtengespräche wurden dann auch bald gefunden. Die ganz grobe Einteilung in disziplinierende und nicht disziplinierende Rückkehrgespräche trägt gut zum Verständnis über deren Wirkung bei. Wird durch die Vorgesetzten im Gespräch deutlicher Druck aufgebaut und den Beschäftigten vermittelt, dass diese Störungen nicht nur ökonomisch, sondern ebenso für den Betriebsfrieden untragbar sind, kann dies zu kurzfristig positiven Effekten führen, ganz sicher aber auch zu langfristigen Folgen wie Anstieg von wenig konstruktivem Verhalten und Ausstieg (Kündigung, Demotivation etc.).

Das viel massivere Problem in diesem Zusammenhang ist jedoch eindeutig der Präsentismus. Die Beschäftigten sind im Betrieb präsent, anwesend, aber nicht oder nur eingeschränkt arbeitsfähig – womöglich auch mit unterschiedlich stark ausgeprägten Krankheitsbildern und damit auch eine Gefahr für die Gesunden. Dieses Phänomen ist jedoch nicht so leicht zahlenmäßig zu belegen und daher, obwohl auch bereits seit Jahrzehnten bekannt, erst seit einigen Jahren ein Thema für die Unternehmen. Daher besser Krankheiten auskurieren und – noch besser – sie vorsorglich vermeiden: mit betrieblicher Gesundheitsförderung!

Wenn Herr Falke, Geschäftsführer eines kleinen Bäckereibetriebes, die Geburtstagskarte für einen seiner Beschäftigten unterschreibt, wandern seine Gedanken zum Geburtstagskind. Die Mehrheit seiner Mitarbeiter/innen ist bereits über 50 und Nachwuchskräfte sind unglaublich schwer zu finden. Kaum jemand möchte mitten in der Nacht arbeiten, da gibt es doch wirklich Besseres. Und obwohl er enge Kontakte zu den Schulen hält und versucht, möglichst früh mit jungen Menschen in Kontakt zu kommen und sie für den Beruf zu begeistern, lässt der Erfolg auf sich warten. Hoffentlich bleiben die erfahrenen Kolleg/innen lange gesund!

Je älter die Menschen sind, desto diverser wird ihr Gesundheitszustand. Das gilt nicht nur für die körperliche, sondern auch für die psychische Gesundheit. Der demografische Wandel führt uns diesen Umstand immer deutlicher vor Augen. Wir stellen fest, dass sich der Gesundheitszustand älterer Menschen zunehmend von einer individuellen Angelegenheit zu einer gesellschaftlichen Frage entwickelt.

In den nächsten Jahren wird sich der Bauch der Bevölkerungspyramide immer mehr nach oben verschieben. Der Anteil älterer Menschen wird deutlich ansteigen. Das macht sich auch in den Betrieben bemerkbar. Die älteren sind meist gleichzeitig die erfahrenen Kolleg/innen, die oftmals seit vielen Jahren im Betrieb sind und spezifisches Erfahrungswissen angesammelt haben. Sie sind nicht nur mit Blick auf die fehlenden Nachwuchskräfte ein wahrer (Wissens)Schatz für jeden Betrieb. Ihre Arbeitsfähigkeit und Motivation möglichst lange zu erhalten und zu fördern, sollte daher im Interesse eines jeden Vorgesetzten liegen.

Herr Falke hat dies schnell erkannt. Er wollte nicht tatenlos bleiben, sondern die Möglichkeiten zur Gesundheitsförderung nutzen, welche er auf betrieblicher Ebene hat. Mit professioneller Unterstützung und gemeinsam mit seiner Belegschaft hat er herausgearbeitet, an welchen Stellen ältere Kolleg/innen veränderte Arbeitsbedingungen benötigen und inwiefern diese so umgesetzt werden können, dass die jüngeren Beschäftigten nicht darunter leiden. Zudem wurde das firmeninterne Wissen der erfahrenen Kolleg/innen so von ihnen aufbereitet, dass es in vielen Bereichen für alle nachvollziehbar geworden ist. Dies drückte zugleich eine hohe Wertschätzung der Geschäftsführung gegenüber den langjährigen Beschäftigten aus.

Die Verantwortung für die Gesundheit der Beschäftigten in der Arbeitswelt kann weder ausschließlich bei den Arbeitgeber/innen noch bei den Arbeitnehmer/innen liegen. Nur wenn beide Seiten gut zusammenspielen, kann die Gesundheitsförderung gelingen. Wenn die Beschäftigten bemängeln, dass die betriebsinterne Kommunikation ungünstig ist und sie wichtige Informationen oft erst viel zu spät, scheinbar durch Zufall oder manchmal sogar überhaupt nicht erhalten, gibt es mehrere Möglichkeiten, das Problem zu beheben. Zunächst braucht es dafür eine genauere Ursachenforschung, denn es ist nicht unerheblich, ob der stockende Informationsfluss an z. B. schlecht strukturierten und unvollständigen Auftragsformularen liegt oder daran, dass die Mitarbeiter/innen des Kundenservice die Kolleg/innen der Werkstatt aufgrund ihres rauen, unfreundlichen Tons nicht leiden können und deshalb nur die Hälfte der Informationen übermitteln (siehe Tabelle 2).

Im Rahmen einer guten Gesundheitsförderung wird daher immer nach Veränderungsmöglichkeiten auf beiden Seiten gesucht. So kann sichergestellt werden, dass sowohl die Arbeitgeber- als auch Arbeitnehmerseite ihre eigene Verantwortung für ein gesundes Zusammenarbeiten ernst nimmt.

Problem: Unzureichender Informationsfluss	
Ursache: Informationsmangel aufgrund unvollständiger Auftragsformulare	**Ursache:** Informationsmangel aufgrund ungünstiger Kommunikation zwischen den Abteilungen Kundenservice und Werkstatt
Lösungsansatz in der Anpassung der Arbeitsorganisation: fehlende Informationen erfragen, Formular überarbeiten, Änderungen bekannt machen, Erfolgskontrolle nach z. B. einer Woche Testlaufzeit	**Lösungsansatz im Verhalten der Beschäftigten:** Teamentwicklungsprozess mit Schwerpunkt „Achtsame Kommunikation" initiieren, Stärkung der Fähigkeiten sowie Förderung der Kompetenzen der einzelnen Beschäftigten

Tabelle 2: Potentielle Ursachen für unzureichenden Informationsfluss

Die Gesundheit der Mitarbeiter/innen ist von entscheidender Bedeutung, wenn es z. B. um die Produktivität, die Innovationsfähigkeit sowie die Flexibilität oder die Außenwirkung (als Arbeitgeber) eines Unternehmens geht. Insbesondere jüngere Beschäftigte entscheiden sich auf Grundlage völlig anderer Faktoren für oder gegen einen Betrieb, als es die Arbeitnehmer/innen noch vor 20 Jahren taten:

- Bietet der Betrieb gesundheitsförderliche Arbeitsbedingungen und Strukturen?
- Habe ich als Arbeitnehmer/in Entwicklungschancen im Betrieb?
- Welche Möglichkeiten bietet das Unternehmen, Beruf und Familie in Einklang zu bringen?
- Wie ist die Arbeit organisiert? An welchen Stellen kann ich eigenständig den Arbeitsablauf planen und meine Arbeitsschritte umsetzen?

Um dem Mangel an Nachwuchsfachkräften zu begegnen, lohnt es sich, in die Betriebliche Gesundheitsförderung zu investieren. Doch mit Gesundheitsförderung lässt sich noch mehr erreichen:

- Gesündere Beschäftigte und damit langfristig weniger Arbeitsausfälle
- Positives Betriebsklima
- Zufriedenere und motiviertere Beschäftigte
- Erhöhung der Bindung und Loyalität der Mitarbeiter/innen sowie Verringerung unnötiger Wechsel durch z. B. Kündigung
- Ältere Mitarbeitende bleiben leistungsfähiger
- Vernetzung mit anderen Unternehmen
- Nutzbare Verknüpfung mit dem Thema Arbeitsschutz
- Imagegewinn sowie eine erhöhte Wettbewerbsfähigkeit für das Unternehmen
- Bessere Produkt- bzw. Dienstleistungsqualität
- Zufriedene Kundschaft
- Verbesserung der Flexibilität und Innovationsfähigkeit

Um die Gesundheit der Beschäftigten zu erhalten und zu fördern, ist keine Stabsabteilung erforderlich. Auch im kleineren Rahmen kann BGM gewinnbringend umgesetzt werden. Hierzu braucht es engagierte Beschäftigte, einen gewissen zeitlichen und finanziellen Rahmen und nicht zuletzt eine überzeugte und unterstützende Geschäftsführung.

2.3 Betriebliches Gesundheitsmanagement (BGM)

2.3.1 Strukturaufbau und integratives Modell

In der Conrad Call-Center GmbH ist die Zahl der Krankmeldungen im vergangenen Geschäftsjahr um 9% und die der Beschäftigtenfluktuation um 6% gestiegen. Darum entschließt sich die Geschäftsleitung, in Kooperation mit einer Krankenkasse zu prüfen, welche Maßnahmen ergriffen werden können, um die Krankentage und die Fluktuationsrate wieder auf ein tolerierbares Maß zu senken.

Um die Ursache der Belastungen herauszufinden, wird im Rahmen des Arbeitsschutzes eine Gefährdungsbeurteilung psychischer Belastungen durchgeführt. Bei einem moderierten Workshop stellt sich heraus, dass die Mitarbeiter/innen einerseits unter den akustischen und klimatischen Bedingungen in den Großraumbüros leiden, andererseits aber auch durch den Führungsstil ihrer Vorgesetzten stark belastet sind. Diese reagieren bestrafend auf Fehler, und drohen mit negativen Konsequenzen, sollten die von ihnen erbrachten Leistungen unter das geforderte Soll fallen. Das führt bei den Mitarbeiter/innen zu massivem psychischen Druck.

Die akustischen und klimatischen Belastungen kann die Conrad Call-Center GmbH mit technischen Maßnahmen beheben, jedoch finden die Möglichkeiten des Arbeitsschutzes beim Führungsverhalten ihre Grenzen. Darauf reagiert die Geschäftsleitung verärgert und ihr erster Impuls ist es, die Führungskräfte für ihr Verhalten zu sanktionieren, wobei deutlich wird, dass hier ein Problem in der Unternehmenskultur und nicht ausschließlich bei den Führungskräften besteht. Die Expert/innen der Krankenkasse raten dazu, die Angelegenheit in Arbeitstreffen mit Führungskräften und Mitarbeiter/innen zu behandeln, um gemeinsam nach Lösungsmöglichkeiten zu suchen. Dabei kommen die Beteiligten zu der Erkenntnis, dass sich alle mehr Wertschätzung für die Dinge, die ihnen gut gelingen, und einen konstruktiveren Umgang mit ihren Fehlern wünschen. Um das zu erreichen, werden diese beiden Themenkomplexe sowohl durch Trainings für wertschätzende Kommunikation und den konstruktiven Umgang mit Konflikten vermittelt, als auch in den Führungsleitlinien der Conrad Call-Center GmbH verankert. Um herauszufinden, wie wirkungsvoll die getroffenen Maßnahmen tatsächlich waren, führt die Conrad Call-Center GmbH sechs Monate später einen erneuten (Feedback-)Workshop durch. Dabei gibt es die Rückmeldung, dass sich das Kommunikationsverhalten der Führungskräfte tatsächlich Stück für Stück verbessert habe, was sich zwölf Monate später auch in der erneuten Analyse der Krankentage und Fluktuationsquote widerspiegelt. Diese sind nun geringer als jemals zuvor.

Wenn Sie in Ihrem Unternehmen den Arbeitsschutz (ArbSch) und das Betriebliche Eingliederungsmanagement (BEM) bereits aktiv verfolgen, dann sind Sie Ihrem Betrieblichen Gesundheitsmanagement (BGM) vielleicht schon viel näher, als Sie im Moment noch denken. Denn das BGM steht auf insgesamt drei Säulen (siehe Abbildung 2). Neben dem ArbSch und BEM ist die Betriebliche Gesundheitsförderung (BGF) die dritte Säule, auf der es steht. Hierfür können Betriebe, im Gegensatz zu Maßnahmen des ArbSch und BEM, da diese einen verpflichtende Arbeitgeberleistung sind, eine finanzielle Förderung durch Krankenkassen erhalten. Jedoch sind gesundheitsförderliche Maßnahmen nach § 20 des Sozialgesetzbuches 5 mitunter nicht völlig trennscharf zu solchen des ArbSch und BEM, sodass positive Auswirkungen des BGF indirekt auch dort wirksam werden können.

Stellen Sie sich eine Fußballmannschaft vor. Auch sie besteht aus drei Teilen. Die Verteidigung stellt sicher, dass sie keine Tore kassieren, das Mittelfeld holt verloren gegangene Bälle zurück und spielt sie in den Sturm, der die Tore schießt. Aber was benötigt jede Mannschaft, um erfolgreich zu sein? Teamplay! Verteidigung, Mittelfeld und Sturm müssen an einem Strang ziehen und mit einer gemeinsamen, aufeinander abgestimmten Strategie spielen. Im BGM ist es ähnlich. Der ArbSch schützt die körperliche und psychische Gesundheit der Beschäftigten, damit unnötige Ausfälle und damit verbundene Kosten vermieden werden. Das BEM stellt die einmal verloren gegangene Arbeitsfähigkeit der Beschäftigten wieder her und erhält so wertvolle Berufserfahrungen. Für Arbeitgeber sind diese beiden Säulen bereits gesetzlich verpflichtend. BGF ist hingegen keine Pflicht, sondern eine freiwillige unternehmerische Investition in die Gesundheit und Arbeitszufriedenheit der Beschäftigten. Im Idealfall ist sie eng mit dem ArbSch verknüpft und schließt an ihn an. Sie fragt dabei nicht nur, was die Gesundheit der Beschäftigten belastet, sondern geht noch einen Schritt weiter. Sie findet heraus, was Ihre Beschäftigten, trotz aller beruflichen Anforderungen und Belastungen, gesund und leistungsfähig erhält, und baut diese Faktoren weiter aus (Hofmann, 2011). Somit bewahrt sie deren Leistungsfähigkeit und Produktivität nicht nur, sondern steigert sie noch! Um die volle Wirkung des BGM zu entfalten, müssen wie die Teile einer Fußballmannschaft auch diese drei Säulen des BGM auf klar definierte Ziele ausgerichtet sein und sich in einer aufeinander abgestimmten Strategie ergänzen.

Doch neben Teamplay ist für den Erfolg einer Mannschaft noch etwas Weiteres unbedingt erforderlich: Teamgeist! In diesem Fall ist das die Unternehmenskultur. Erst wenn der Gesundheitsgedanke fest im Unternehmen integriert ist, können die Früchte der Investition geerntet werden. Die Gesundheit der Beschäftigten darf dabei nicht als etwas Selbstverständliches betrachtet werden, sondern als Garten, der regelmäßig gepflegt werden muss, damit alles gut gedeiht. Dafür müssen die Beschäftigten einerseits ihren eigenen Einfluss auf ihre Gesundheit erkennen und Verantwortung für sie übernehmen. Andererseits ist es wichtig, die Arbeitsbedingungen gesundheitsförderlich zu gestalten. Hierbei spielen, neben der ergonomischen Gestaltung des Arbeitsplatzes, Handlungs- und Entscheidungsspielräume bei der Erfüllung von Arbeitsaufgaben eine wichtige Rolle. Auch eine positive Fehlerkultur ist als gesundheitsförderlich zu betrachten, da diese das Stresserleben senken kann. Um das Risiko der Entstehung von Fehlern, aber auch von Konflikten zu minimieren, sollte die Kommunikation miteinander offen und wertschätzend sein. Hierbei spielen Führungskräfte eine herausragende Rolle. Aufgrund des alltäglichen Kontakts der Führungskräfte mit den Beschäftigten besitzen sie eine Vorbildfunktion, an der sich Mitarbeiter/innen orientieren.

Veranschaulicht wird das Zusammenspiel aller Bestandteile des BGM noch einmal durch die folgende Abbildung 2.

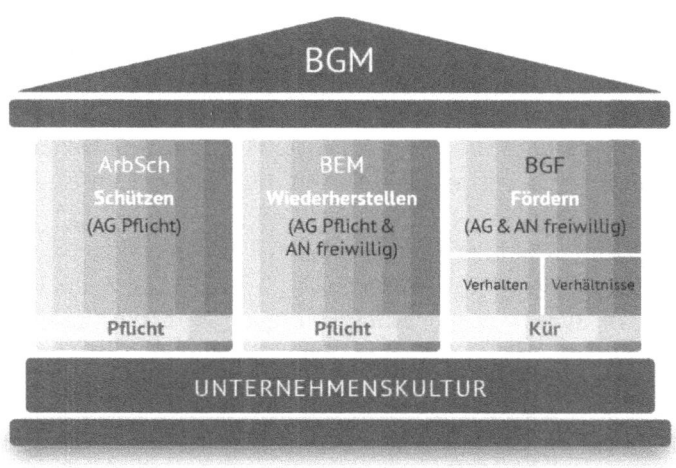

Abbildung 2: Drei-Säulen-Modell des BGM

2.3.2 Arbeitssicherheit und Gesundheitsschutz

In Deutschland gibt es das sogenannte duale System des Arbeits- und Gesundheitsschutzes. Der Arbeitsschutz wird einerseits durch den Staat gestaltet. Andererseits haben die Träger der gesetzlichen Unfallversicherung dafür wichtige Aufgaben. Der Begriff „dual" lässt allerdings unberücksichtigt, dass es einen dritten bedeutsamen Part im Arbeitsschutz gibt: den Betrieb.

Der Staat (Parlamente der Länder und des Bundes) gestaltet die Gesetzgebung für den Arbeitsschutz. Die Landesbehörden sind auch für die Überwachung der Einhaltung dieser Gesetze verantwortlich (§ 21 des Arbeitsschutzgesetzes). Gesetze regeln die grundlegenden Anforderungen allgemein. Die konkrete Umsetzung erfolgt durch Verordnungen, Durchführungsverordnungen, Verwaltungsvorschriften und Erlasse der Ministerien in den Bundesländern.

Die gesetzlichen Unfallversicherungen in Form von Berufsgenossenschaften (für gewerbliche Unternehmen) und Unfallkassen (für den öffentlichen Dienst) sind ermächtigt, Unfallverhütungsvorschriften und dazu gehörende

Durchführungsanweisungen zu erlassen und deren Befolgung zu kontrollieren. Sie sind branchenorientiert gegliedert und erhalten von „ihren" Betrieben auch Beiträge. Dafür sind sie verpflichtet, ihren Mitgliedsunternehmen Beratung und Prävention zum Thema Arbeitsschutz anzubieten. Außerdem registrieren sie für ihre Branchen Arbeitsunfälle und Berufskrankheiten, finanzieren Rehabilitationsmaßnahmen und regulieren die finanziellen Folgen.

Die Umsetzung des Arbeitsschutzes muss laut Arbeitsschutzgesetz durch die Betriebe realisiert werden (ArbSchG §§ 3 – 5). So ist es die Pflicht jedes deutschen Arbeitgebers, Gefährdungsbeurteilungen am Arbeitsplatz durchzuführen. Der Betrieb muss umfassend auf Gefahren und Belastungen physischer, chemischer, biologischer und psychischer Natur durchleuchtet werden. Gesetzlich sind folgende Bereiche festgeschrieben (ArbSchG §5):

- die Gestaltung und die Einrichtung der Arbeitsstätte und des Arbeitsplatzes,
- physikalische, chemische und biologische Einwirkungen,
- die Gestaltung, die Auswahl und der Einsatz von Arbeitsmitteln, insbesondere von Arbeitsstoffen,
  Maschinen, Geräten und Anlagen sowie der Umgang damit,
  die Gestaltung von Arbeits- und Fertigungsverfahren, Arbeitsabläufen und Arbeitszeit und deren Zusammenwirken,
- angemessene Qualifikation und Unterweisung der Beschäftigten,
- psychische Belastungen bei der Arbeit.

Die Beurteilung sollte folgende Untersuchungseinheiten umfassen:

- Arbeitsstätte (z. B. Beleuchtung, Heizung, Verkehrswege, Fluchtwege, Brandschutz, Fußboden),
- Arbeitsplatz/Tätigkeit/Beruf mit den Gesichtspunkten Arbeitsaufgabe (z. B. Vielseitigkeit,
  Ganzheitlichkeit etc.), Arbeitsorganisation (z. B. zeitliche Gestaltung, Arbeitsunterbrechungen, etc.), soziale Beziehungen (z. B. Konflikte, Führung etc.), Arbeitsumgebung (z. B. Lärm, ergonomische Arbeitsplätze etc.) und neue Arbeitsformen (z. B. Telearbeit, mobile Arbeit etc.),

- Arbeitsmittel (z. B. Sicherheitsfunktionen, Gebrauchstauglichkeit, Emissionen),
- besondere Personengruppen (Berücksichtigung besonders schutzbedürftiger Personen und individueller Leistungsvoraussetzungen).

Das Arbeitsschutzgesetz sieht vor, dass pro vergleichbare Stellengruppe eine gesonderte Einschätzung bezüglich der Aspekte der Arbeitsgestaltung vorgenommen wird. Die Beurteilung erfolgt immer bedingungsbezogen und auf keinen Fall personenbezogen. D. h., es wird nach Verhältnissen im Betrieb und nicht nach Eigenschaften der Mitarbeiter/innen geschaut (es sei denn, dafür gibt es einen ausdrücklichen Grund: besondere Personengruppen).

Wichtig ist, dass aus der Gefährdungsbeurteilung möglichst konkrete Maßnahmen zur Belastungssenkung abgeleitet werden können. Die Wirksamkeit dieser Maßnahmen ist in regelmäßigen Abständen zu kontrollieren und die Fortschreibung der Gefährdungsbeurteilung bei veränderten Bedingungen und in bestimmten Zeitabständen zu gewährleisten. Diese Anforderungen der Gefährdungsbeurteilung sind als Arbeitgeberpflicht anzuerkennen. Man muss für die Umsetzung Sorge tragen. Ein idealtypischer Ablauf gestaltet sich wie in der unteren Abbildung dargestellt.

Diese Aufgabe ist für viele Betriebe eine große Herausforderung. Oftmals wird diese umfangreiche Verpflichtung als überfordernd wahrgenommen. Zur Abhilfe gibt es das sogenannte Unternehmermodell. Dieses richtet sich an kleine und mittlere Unternehmen (KMU) mit bis zu 50 Beschäftigten. Durch die einmalige Teilnahme an einem entsprechenden Seminar oder an einem Fernlehrgang sowie durch die Gefährdungsbeurteilung im eigenen Betrieb kann sich der Unternehmer von der Pflicht zur arbeitsmedizinischen Regelbetreuung befreien. Er muss sich dann nur noch anlassbezogen durch einen Arbeitsmediziner oder eine Fachkraft für Arbeitssicherheit beraten lassen. Unabhängig davon muss kein Betrieb alle Kompetenzen für die Beurteilung von Gefährdungen selbst vorhalten. Teilaufgaben können an Arbeitsmediziner, Fachkräfte für Arbeitssicherheit, Psychologen und Sicherheitsingenieure abgegeben werden. Diese werden über arbeitsmedizinische Dienste, Zentren für Gesundheitsförderung oder Berufsgenossenschaften beauftragt. Die folgende Abbildung zeigt, wie eine Gefährdungsbeurteilung ablaufen sollte:

Abbildung 3: Idealtypischer Verlauf der Gefährdungsbeurteilung

Herr Meier arbeitet in einem Produktionsbetrieb und feilt gefräste Metallteile nach, welche dann zur Montage weitergeleitet werden. Zu seinem vor- und nachgelagerten Bereich hat er nur sporadisch Kontakt. In seinem Betrieb „kümmert sich jeder um seinen Job". Es wird auch nicht so gern gesehen, wenn zwischen den Bereichen herumgegangen wird, um Absprachen zu treffen, weil der Produktionszyklus in engen Chargen läuft (wenig Kommunikationsmöglichkeit). Das Verlassen des Arbeitsplatzes kostet Zeit, meint die Produktionsleitung. Herr Meier ist direkt von der Arbeit der Fräse abhängig. Ist man dort zu langsam oder liefert schwer weiterzuverarbeitende Arbeitsgegenstände, ist seine Arbeit erschwert (Kooperationserfordernisse). Er weiß aber nie genau, wie weit die Fräse mit der Vorbereitung ist und ob es Besonderheiten gibt (unvollständige/fehlende Informationen).

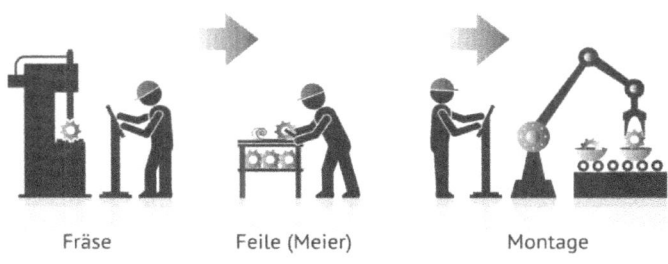

Fräse · Feile (Meier) · Montage

Abbildung 4: Zusammenspiel verschiedener Arbeitsschritte des Fallbeispiels

Außerdem drückt im Hintergrund immer die Montage mit zeitlichen Vorgaben (zeitliche Belastung). Das stresst ihn. Durch langes Warten auf die Fräse und seine einfache Aufgabe fühlt Herr Meier sich andererseits oft ermüdet (Monotonie/fehlende Aktivierung). In der Gefährdungsbeurteilung fühlt sich Herr Meier wahrgenommen und verstanden. Seine Belastungen werden angehört. Um seine langen Wartezeiten zu verkürzen und seine einfache Aufgabe zu erweitern, wird der Prozess so gestaltet, dass er bei Spitzen in der Fräse, die Wartezeiten für ihn bedeuten, die Fräse unterstützen kann (Job-Erweiterung/Teil-Rotation). Dazu bekommt er eine Kurzausbildung für Zuarbeiten im Fräsen-Bereich. So lernt er seinen vorgelagerten Bereich besser kennen und seine Arbeit wird interessanter. Da er nicht auf Verdacht in die Fräse kommen soll, sondern nur, wenn er dort auch hilfreich sein kann, wird ein Prozess-Fluss-Schema (digital auf einem Tablet an der Wand) an seinem Arbeitsplatz angebracht. Dort sieht er in Checklistenformat und mit Fortschrittsanzeigen, was in der Fräse passiert und worauf die

Montage wartet (Transparenz-Erhöhung). Die Fräse und die Montage be-
kommen auch Tablets, in die sie Informationen eingeben müssen. Damit klar
ist, woran Prozessverzögerungen liegen, wird eine Kommentarfunktion hin-
zugefügt. Herr Meier bekommt die Aufgabe, den Chat über diese Funktion
zu moderieren und den Informationsaustausch am Laufen zu halten (Job-
Bereicherung). Er fühlt sich in der Folge besser ausgelastet, kompetenter
und bedeutsamer in seiner Tätigkeit und wird seltener durch die Montage
unter Druck gesetzt.

2.3.3 Betriebliches Eingliederungsmanagement

Der Handwerker Anton hat Post bekommen von seinem Chef Herrn Kling.
Anton ist arbeitsunfähig, nachdem er sich vor über sechs Wochen im Skiur-
laub einen komplizierten Beinbruch zugezogen hat. Arbeiten würde er gerne
wieder, aber sein Bein wird er noch für eine ganze Weile nicht richtig belasten dürfen, sagt sein Arzt. Nun lädt ihn sein Chef zum „BEM-Gespräch" und
Anton hat ein flaues Gefühl im Magen.

Das Betriebliche Eingliederungsmanagement (BEM) ist ausnahmslos von
allen Arbeitgebern, gleich welcher Größe, für all seine Beschäftigten verpflichtend durchzuführen, die innerhalb von zwölf Monaten länger als sechs
Wochen erkrankt sind.

Ziel ist es, erkrankte Beschäftigte mit der Unterstützung inner- und außerbe-
trieblicher Partner:

- schnellstmöglich wieder in die Arbeit zu integrieren,
- erneuter Arbeitsunfähigkeit vorzubeugen
- und den Arbeitsplatz langfristig zu erhalten.

Die Ausgestaltung des BEM-Verfahrens ist den Betrieben überlassen. Seit der Einführung des Verfahrens im Jahr 2004 wurden diverse Handlungsempfehlungen entwickelt, die auf die jeweiligen Bedingungen eines Betriebes angepasst werden müssen. Wie auch im BGM sieht das BEM in kleinen Betrieben anders aus als in Großkonzernen.

Bei der Einführung und Durchführung sind die Betriebe aber nicht auf sich alleine gestellt, sondern aufgefordert, die Unterstützung externer Partner in Anspruch zu nehmen. Die Rehabilitationsträger (Krankenkassen, Rentenversicherung, Unfallversicherung, die gemeinsamen Servicestellen sowie bei schwerbehinderten Beschäftigten die Integrationsämter und Integrationsfachdienste) unterstützen den Eingliederungsprozess mit ihren Leistungen. Damit bestehen Erfolgsaussichten für die Wiedereingliederung erkrankter Beschäftigter gerade auch in kleinen Betrieben, die diese Aufgabe nicht immer aus eigener Kraft leisten können.

Welche konkrete Verantwortung kommt dem Arbeitgeber im BEM zu?

Arbeitgeber sind verpflichtet, das BEM-Verfahren bereits während einer andauernden Arbeitsunfähigkeit der Beschäftigten anzustoßen und zu einem Gespräch einzuladen. Sie sind die Initiatoren und Treiber des Verfahrens. Annehmen müssen Beschäftigte dieses Angebot jedoch nicht, in jedem Stadium des Verfahrens ist das Prinzip der freiwilligen Teilnahme oberstes Gebot.

Anton erinnert sich an das Rundschreiben seines Chefs vor wenigen Mona-
ten, mit dem angekündigt worden war, dass man sich mit dem neuen Verfah-
ren um die Wiedereingliederung von erkrankten Beschäftigten kümmern
wolle. Dass er nun der erste Mitarbeiter ist, der zu einem BEM-Gespräch
eingeladen wird, hätte er sich damals nicht träumen lassen, so gesund und
aktiv, wie er immer war.

Um die Beschäftigten für das Verfahren zu gewinnen, steht am Anfang die
transparente Information zu den Zielen und dem Ablauf des BEM sowie zu
dem Umgang mit den für das Verfahren zu erhebenden personenbezogenen
Daten. Information schafft Vertrauen – ohne Vertrauensgrundlage wird das
BEM nicht erfolgreich sein oder mangels Teilnahmebereitschaft der Betroffenen gar nicht erst starten.

Anton schaut sich das Einladungsschreiben genau an und liest einige Seiten
Text über die Ziele und das Vorgehen im Rahmen des Verfahrens, eine Da-
tenschutzerklärung und ist schließlich erleichtert – hier scheint man tatsäch-
lich auf Unterstützung aus zu sein. Auch die Fragestellungen, die im Ge-
spräch aufgegriffen werden sollen, hat er dank des beiliegenden Gesprächs-
leitfadens nun schon einmal gelesen und auch schon einige Ideen entwickelt,
wie es weitergehen könnte. Vielleicht ist es ja auch eine Chance für ihn? Er
sagt den Termin mit dem Antwortschreiben zu und schickt die unterschrie-
bene Einwilligungserklärung zur zweckgebundenen Datenerhebung und Da-
tennutzung zurück.

Auch wenn die Gestaltung des BEM-Verfahrens nicht im Detail durch den
Gesetzgeber vorgegeben wird, die Beachtung der Datenschutzbestimmun-
gen ist ein sensibles Thema – schon bei der Einführung des Themas in den
Betrieb. Ohne Einwilligung des Betroffenen als dem „Herrn des Verfahrens"
in die Datenerhebung sind dem Arbeitgeber die Hände gebunden.
    Inwieweit das BEM-Verfahren darüber hinaus systematisiert wird, ist Fra-
ge der Betriebsgröße und der bestehenden Ressourcen. Auch in kleinen Unternehmen lohnt sich die Bildung eines Integrationsteams, um die Gemein-
schaftsaufgabe BEM erfolgreich umzusetzen.

Am Tag des Gesprächs freut sich Anton, seinen Chef wiederzusehen – und auch darüber, dass sich gleich mehrere Personen mit ihm beschäftigen. Wie schon in der Einladung angekündigt, sitzen sein Kollege Karl – seit einiger Zeit Betriebsrat – und die Betriebsärztin mit am Tisch. So viel Aufmerksamkeit hat er selten bekommen und ist deshalb aufgeregt. Gespräche mit dem Chef und dem Betriebsrat führen sonst in eine ganz andere Richtung...

Das Integrationsteam wird in Betrieben mit Interessensvertretungen in der Regel aus einem Arbeitgebervertreter, einem Vertreter des Betriebsrats sowie der Schwerbehindertenvertretung gebildet. In kleinen Unternehmen wird das BEM in der Regel von der Geschäftsführung bzw. dem Personalverantwortlichen koordiniert. Je nachdem, welche Fragestellungen sich während des Verfahrens ergeben, können weitere Partner hinzugezogen werden, beispielsweise ein Betriebsarzt oder externe Partner, die im Einzelfall ihre Unterstützungsleistungen einbringen.

Wie kann ein BEM-Prozess ablaufen?

Antons Aufregung legt sich. Sein Chef zeigt deutliches Interesse, ihn schnell wieder an Bord zu haben. Anton würde gerne wieder arbeiten, sobald er den Gips los ist, traut sich aber nicht zu, das Bein gleich wieder voll zu belasten. Weiter krankgeschrieben bleiben möchte er aber auch nicht. Die Betriebsärztin schlägt ihm eine mehrwöchige stufenweise Wiedereingliederung vor, um sich langsam wieder an die ursprüngliche Belastung heranzutasten. Sein Chef ist einverstanden und bietet Anton an, im Anschluss zur Stabilisierung für eine Weile in Teilzeit zu arbeiten.

Das BEM ist ein verlaufs- und ergebnisoffener Prozess mit mehreren Phasen. Nach Erfassung der Ausgangslage werden konkrete Maßnahmen geplant und über einen bestimmten Zeitraum hinweg getestet und ausgewertet:

- Welche Einschränkungen hat der Beschäftigte aufgrund seiner Erkrankung?
- Sind diese vorübergehend oder dauerhaft?
- Ist eine arbeitsmedizinische Untersuchung zu veranlassen und wenn ja, zu welchem Zeitpunkt?

- Soll ein Arbeitsversuch bzw. eine stufenweise Wiedereingliederung erfolgen?
- Gibt es Möglichkeiten, die Belastungen durch Hilfsmittel zu verringern oder bedarf es einer Anpassung der Arbeitsbedingungen?

All dies sind Fragen, die zeitnah geklärt werden können, wenn entscheidungsfähige und befugte Personen mit dem Betroffenen gemeinsam an einem Tisch sitzen. Dabei kommt es bei allen Maßnahmen auf den Versuch an. Es gilt auszutesten, was in der Praxis möglich ist, und die Einsatzmöglichkeiten von der neuen Ausgangsbasis aus zu bewerten.

Die Vielfalt an Einzelmaßnahmen, die im Rahmen des BEM-Prozesses umgesetzt werden können, ist groß. Sie reicht von der häufigen stufenweisen Wiedereingliederung über die Einholung arbeitsmedizinischer Gutachten, das Erstellen und Abgleichen von Arbeitsplatz- und Leistungsprofilen bis hin zur Verbesserung der technischen Ausstattung des Arbeitsplatzes, Arbeitszeitreduzierungen und Qualifizierungsmaßnahmen.

Anton ist verunsichert. Die Wiedereingliederung hatte doch so gut begonnen. Doch schon nach kurzer Zeit hat er gemerkt, dass er seiner früheren Aufgabe noch nicht wieder gewachsen war. Die über die externen Partner daraufhin organisierte Sitzhilfe half für kurze Zeit, aber sein Bein begann nach mehrstündigem Einsatz dennoch wieder zu schmerzen. Sein Arzt legte ihm nahe, die Wiedereingliederung abzubrechen. Ein herber Rückschlag für Anton. Wie kann es nun für ihn weitergehen?

Nicht jeder Eingliederungsversuch gelingt im ersten Anlauf. Häufig gilt es, vorübergehend oder auch langfristig alternative Einsatzmöglichkeiten zu finden. Integrationsfachdienste oder Rentenberater/innen können in dieser Phase mit ihren Leistungen, insbesondere Qualifizierungsmaßnahmen oder Leistungen zur Teilhabe am Arbeitsleben unterstützen. Häufig kann je nach den betrieblichen Bedingungen und mit der Bereitschaft und Kreativität des Integrationsteams und des Betroffenen eine maßgeschneiderte Lösung gefunden werden.

Anton sitzt erneut mit dem Integrationsteam zusammen und ist ratlos. Sein Chef findet die richtigen Worte. Offensichtlich sei der ursprüngliche Arbeitsplatz aktuell nicht geeignet, deshalb müsse nach einer Alternative gesucht werden. Anton habe doch im letzten Jahr so engagiert den Kollegen Herbert bei der rückengerechten Neuorganisation des Lagers unterstützt, ob er sich vorstellen könne, die Verantwortung für die Umsetzung weiterer Vorhaben aus dem BGM-Projekt zu übernehmen? Das würde die vorübergehende Übernahme von Verwaltungstätigkeiten bedeuten und er könnte sein Bein in Ruhe auskurieren, bevor man eine Rückkehr an den ehemaligen Arbeitsplatz erneut testen würde. Anton ist erleichtert, sein Chef hat ihn nicht aufgegeben und die Projektarbeit hat ihm tatsächlich richtig gut gefallen.

Die BEM-Gespräche schaffen Raum für eine individuelle Analyse und Bewertung der Arbeitsbedingungen der Betroffenen. Oft aber finden sich hier auch Hinweise für allgemein belastende Arbeitsbedingungen und betriebliche Schwachstellen, die wiederum im Rahmen des ganzheitlichen Gesundheitsmanagements aufgegriffen werden können. Hier greifen BGM und BEM wie Zahnräder ineinander (siehe Kapitel 2.3.1).

Ein halbes Jahr später sitzt Anton erneut mit dem Integrationsteam zur Auswertung zusammen. Die Wiedereingliederung ist im zweiten Anlauf gelungen. Das Bein schmerzt nicht mehr und Anton steht vor einem Dilemma. Einerseits möchte er unbedingt wieder in seine Tätigkeit zurück, andererseits hat ihm die Projektarbeit viel Spaß gemacht. Auch sein Chef möchte nicht mehr auf seine Mitwirkung im BGM verzichten und die Betriebsärztin warnt vor zu großer Belastung des Beins. Man verständigt sich darauf, dass Anton zukünftig eine Kombination beider Tätigkeiten übernehmen kann und darüber hinaus auf einen Projektmanagementlehrgang geschickt wird. Anton kann sein Glück kaum fassen. Anton berichtet, von vielen Kolleg/innen auf das BEM angesprochen worden zu sein. Einige seien zunächst verunsichert gewesen, hätten aber beobachten können, wie sehr man sich um die Wiedereingliederung bemüht habe. Die Sitzhilfe sei mittlerweile sehr beliebt, ob man hiervon nicht weitere anschaffen könne? Außerdem gebe es in der Belegschaft viele weitere Ideen, wie die Belastungen für alle gemin-

dert werden könnten. Der Chef ist interessiert und erteilt Anton gleich den Auftrag, die Ideen der Kolleg/innen einmal zusammenzutragen.

Anton freut sich über das Vertrauen seines Chefs und ist dankbar für die Möglichkeiten, die ihm eingeräumt wurden. Das Thema Gesundheit hat seit seinem Unfall einen neuen Stellenwert für ihn und er hat auch seine Kolleg/innen für das Thema begeistern können. Der Auftrag, sich im Betrieb um die Gesundheit zu kümmern, kommt ihm gar nicht wie Arbeit vor, hier geht er gern mit gutem Beispiel voran. Auch der Chef ist zufrieden. Das erste BEM-Verfahren war auch für ihn ein Lernprozess. Das dieser nun auch zur Personalentwicklung beigetragen hat und er Anton für neue Tätigkeiten gewinnen konnte, hat ihn überrascht und erfreut. So aufwändig wie anfangs erwartet, war es eigentlich gar nicht. Auf dem Unternehmerstammtisch soll er nun über seine Erfahrungen berichten. Dafür fasst er noch einmal die konkreten Erfolgsfaktoren des BEM zusammen.

Bei der Einführung des Verfahrens:

- Beschäftigte frühzeitig und umfassend über die Ziele und Vorgehensweisen im BEM-Vorgehen informieren
- Transparente Datenschutzregelungen aufsetzen
- Ein systematisches Vorgehen für alle Verfahren schaffen (Bildung eines Integrationsteams, ggf. Regelung des Verfahrens durch eine Betriebs-/Dienstvereinbarung, formalisierte Informations- und Einladungsanschreiben)

In der Umsetzung:

- Vorstellungen der Betroffenen erfragen, die Eigenverantwortung stärken
- Das Verfahren als ergebnisoffenen Suchprozess leben
- Gemeinsam erarbeitete Ideen austesten
- Unterstützungsangebote externer Partner nutzen
- Vereinbarte Maßnahmen zeitnah umsetzen
- Ergebnisse gemeinsam bewerten und nachhalten

Das BEM nützt nicht nur dem erkrankten Beschäftigten, letztlich profitieren alle Beschäftigten von den verbesserten Arbeitsbedingungen und selteneren Ausfällen ihrer Kolleg/innen. Die Investitionen in das Verfahren rentieren sich weit über den Einzelfall hinaus. Ein ernsthaftes Engagement des Arbeitgebers im BEM stärkt die Zufriedenheit der Mitarbeiter/innen und ermöglicht es Betrieben, qualifizierte Fachkräfte mit ihrem Wissen länger im Unternehmen zu halten. Dabei kommt es nicht auf die Masse an BEM-Verfahren an, sodass auch Kleinbetriebe einen hohen Nutzen haben können. Bereits ein einziges gut begleitetes Verfahren hat Strahlwirkung und kann ein Zeichen für alle Beschäftigten setzen.

2.3.4 Betriebliche Gesundheitsförderung

Die hohe Krankenquote veranlasste auch die ZoraPrint GmbH dazu, etwas für die Gesundheit ihrer Beschäftigten tun zu wollen. Schnell fielen der Geschäftsführung Maßnahmen ein und bereits zwei Wochen später standen den Beschäftigten Obstkörbe und wöchentliche Massagen zur Verfügung. Die Geschäftsführung schloss sogar eine Kooperation mit dem nahegelegenen Fitnessstudio, wodurch die Beschäftigten die Möglichkeit bekamen, zu günstigeren Konditionen zu trainieren. Über die Massagen freuten sich alle, das Obst reifte hingegen im Korb vor sich hin und auch beim Fitnessstudio meldeten sich nur die Beschäftigten an, die ohnehin schon Sport trieben. Nach drei Monaten waren mehrere tausend Euro ausgegeben, die Krankenquote jedoch nicht geringer.

Der Geschäftsführung wurde klar, dass sie Unterstützung benötigte, wenn sich ihre Investitionen auszahlen sollten. Daher kontaktierte sie die Krankenkasse, bei der viele der Beschäftigten der ZoraPrint GmbH versichert sind. Zunächst führte die Geschäftsführung mit einem BGM-Beauftragten der Krankenkasse ein erstes Orientierungsgespräch. Dabei entschloss sie sich dazu, das Problem des hohen Krankenstandes systematisch anzugehen. Kurz darauf trafen sich die Geschäftsführung, Führungskräfte, Beschäftigtenvertreter/innen sowie der Betriebsarzt zum ersten Arbeitskreis des Projektes „ZoraGesund", in dem die Ziele definiert wurden. Neben der Senkung der Krankenquote kam dabei auch eine Verbesserung des Betriebsklimas zur Sprache, das sich in den letzten zwei Jahren verschlechtert hatte. Alle

Beteiligten waren sich darüber hinaus einig, dass die dauerhafte Sicherung der erzielten Verbesserungen gewährleistet werden sollte.

Um herauszufinden, was die Beschäftigten belastete, aber auch was ihnen bereits guttat, einigte sich der Arbeitskreis darauf, eine Arbeitssituationsanalyse durchzuführen. Dabei stellte sich heraus, dass die Beschäftigten unter Rückenschmerzen litten, weil sie regelmäßig schwere Papierstapel heben und sich großgewachsene Kollegen zur Bedienung der Druckerpressen in eine Zwangshaltung begeben mussten. Darüber hinaus war die Lärmbelastung durch die Druckerpressen auch in den Pausenräumen hoch, wodurch sich die Beschäftigten nicht effektiv erholen konnten. Auf die Frage, warum das Obst nicht gegessen wurde, reagierten die Beschäftigten verblüfft: „Welche Obstkörbe!?" Die Obstkörbe waren nicht in ihrem Sichtfeld platziert worden. Das Fitnessstudio nutzten viele nicht, weil „man mit Rückenschmerzen doch wohl keinen Sport machen kann". Außerdem stellte sich heraus, dass das Unternehmen vor zwei Jahren den Produktionsprozess umgestellt hatte, was dazu führte, dass die Beschäftigten weniger Kontakt miteinander hatten: „Früher haben wir noch zusammenarbeiten müssen. Das hat den Zusammenhalt gestärkt. Jetzt arbeitet jeder eigentlich für sich allein und macht immer das Gleiche." Die Beschäftigten schlugen u. a. vor, die Pausenräume umzugestalten bzw. einen Schallschutz zu installieren und den Produktionsprozess so anzupassen, dass mehr Abwechslung und wieder Kontakt zu den Kolleg/innen möglich würde.

Die Ergebnisse der Analyse und die Lösungsideen wurden im Arbeitskreis besprochen. Es stellte sich heraus, dass die meisten Beschäftigten in der Lage waren, mehrere Produktionsschritte auszuführen. Darum wurde ein Rotationssystem entwickelt, durch das die Beschäftigten ihre Arbeitsaufgabe und damit auch ihren Arbeitsort zweimal pro Tag wechselten, wobei sie auch mit Kolleg/innen in Kontakt kamen.

Eine Schallisolierung des Pausenraumes wäre zu kostenintensiv gewesen, allerdings konnte der Pausenraum in einen anderen Teil des Gebäudes verlegt werden. Nun war er zwar weiter vom Arbeitsplatz entfernt, dafür aber ruhiger und brachte mehr Bewegung in den Arbeitsalltag. Die Beschäftigten berichteten in der Folge von mehr Entspannung und mehr kollegialem Austausch. Auch aßen sie mehr Obst, weil die Obstkörbe nun im Pausenraum platziert wurden und sich damit in Griffweite der Beschäftigten befanden.

Für die Rückenschmerzen, bedingt durch das häufige schwere Heben, orga-
nisierte der Arbeitskreis ein Rückencoaching für die gesamte Belegschaft, in
dem ihnen beigebracht wurde, wie sie schwere Lasten rückenschonend he-
ben. Zugleich wurden ihnen einige muskelaufbauende Übungen gezeigt,
durch die es ihnen zukünftig leichter fallen sollte, Lasten zu heben und somit
die Rückenschmerzen zu reduzieren. Das motivierte mehrere Beschäftigte
dazu, das Angebot als Gruppe regelmäßig im Fitnessstudio zu nutzen. Die
Erfolgserlebnisse der Kolleg/innen sprachen sich schnell herum, wodurch
weitere dazukamen. Angeregt von den Ideen für ein gesünderes Leben, stell-
ten einige sogar ihre Ernährung um und hörten mit dem Rauchen auf.

Bei der Auswahl einer neuen Druckerpresse war nun neben der Qualität
und dem Preis der Maschine auch ihre Ergonomie für die großgewachsenen
Beschäftigten ein Auswahlkriterium. So durften diese an den zur Auswahl
stehenden Pressen Probe arbeiten und wurden anschließend zu ihrer Mei-
nung befragt, was die Grundlage für die Entscheidung bildete. Einer der
gesundheitsbewusstesten Beschäftigten der Zora GmbH begleitete den ge-
samten Prozess und wurde parallel zum internen Gesundheitskoordinator
ausgebildet. Nun führt er die Arbeitskreise fort und koordiniert die weiteren
Gesundheitsaktivitäten der ZoraPrint GmbH.

Insgesamt war das Projekt ZoraGesund ein großer Erfolg. Das Betriebskli-
ma verbesserte sich spürbar und es wurde eine regelrechte Gesundheitswel-
le ausgelöst. Darum ist ZoraGesund nun kein Projekt mehr, sondern ein fes-
ter Bestandteil in den Strukturen und Prozessen der ZoraPrint GmbH.

Ganzheitlichkeit, Verhaltens- und Verhältnisprävention, Handlungsfelder und Führung

Im Gegensatz zum ArbSch und BEM ist BGF keine Pflicht, sondern eine freiwillige unternehmerische Investition in die Gesundheit und Arbeitszufriedenheit der Beschäftigten. Im Idealfall ist sie eng mit dem ArbSch verknüpft. BGF fragt dabei nicht nur, was die Gesundheit der Beschäftigten belastet, sondern geht noch einen Schritt weiter: Es wird in den Fokus genommen, was die Beschäftigten trotz aller beruflichen Anforderungen und Belastungen gesund und leistungsfähig erhält. Genau dort wird angesetzt und diese Faktoren weiter ausgebaut (Hofmann, 2011). BGF erhält nicht nur die Leistungsfähigkeit und Produktivität des Unternehmens, sondern steigert sie sogar.

Dafür kann BGF einerseits am Gesundheitsverhalten der Beschäftigten ansetzen (Verhaltensprävention), z. B. zu den Themen Bewegung, Ernährung, Stress und Sucht. Gesetzliche Krankenkassen fördern Angebote zur Stressprävention, Bewegung, Raucherentwöhnung und Ernährungsberatungen finanziell. Andererseits setzt BGF an der Optimierung der Arbeitsverhältnisse an (Verhältnisprävention). Hier können je nach Art der Belastungen ganz unterschiedliche Ansatzpunkte eine Rolle für die gesundheitsförderliche Arbeitsgestaltung spielen. Es werden dann z. B. Arbeitsinhalte, Prozesse, Arbeitszeiten, Arbeitsplätze und Arbeitsmittel berücksichtigt (Buchberger et al., 2011), aber auch gesundes Kantinenessen. Darüber hinaus ist das Verhalten von Führungskräften ein entscheidender Einflussfaktor für die Gesundheit, Leistungsfähigkeit und Produktivität von Beschäftigten. Zudem erfüllen sie bei der Umsetzung von Maßnahmen des BGF eine wichtige Vorbild- und Multiplikatorenfunktion, die den Erfolg der Maßnahmen maßgeblich beeinflusst. Die hier angeführten Ansätze wirken sich positiv auf die körperliche und psychische Gesundheit der Beschäftigten aus und stehen zudem in Wechselbeziehung untereinander (Grossarth-Maticek, 2008). Das bedeutet, dass eine Steigerung des psychischen Wohlbefindens der Beschäftigten ebenso mit einer Verbesserung der körperlichen Gesundheit einhergehen kann und umgekehrt. Ein bekanntes Beispiel für jene Wechselwirkung sind Rückenschmerzen, die ihre Ursache in einem dauerhaft erhöhten Stresspegel haben.

Projektmanagementzyklus

Welche Maßnahmen verbessern die Gesundheit der Beschäftigten nun aber tatsächlich? Stress äußert sich z. B. häufig in Kopf- und Rückenschmerzen. Werden den Beschäftigten Massagen angeboten, kann dies zwar zu einer kurzzeitigen Besserung der Symptome führen, die Ursachen bleiben jedoch unberücksichtigt. Würde das Problem ganzheitlich erfasst – über Gesundheitszirkel oder Fokusgruppen, in denen die Ursachen umfassender beleuchtet werden – besteht die Chance, passgenaue Lösungen zu entwickeln, mithilfe derer die Beschäftigten langfristig gesünder und produktiver sind.

Um dies zu erreichen, orientiert sich eine nachhaltige Gesundheitsförderung eng am Projektmanagement und geht systematisch vor. Dafür wird zu Beginn der BGF ein Arbeitskreis Gesundheit (Steuerkreis), bestehend aus Unternehmensführung sowie Vertreter/innen des Betriebs-/Personalrats, des Arbeits- und Gesundheitsschutzes, Beschäftigten, der unterstützenden Krankenkasse und ggf. der Berufsgenossenschaft gegründet. Mithilfe einer Moderatorin bzw. eines Moderators werden Gesundheitsziele definiert, zeitliche, finanzielle und personelle Ressourcen geplant. Die aktuelle Situation im Unternehmen wird analysiert und Bedarfe ermittelt. Anschließend wird eine Strategie entwickelt, gesundheitsförderliche Maßnahmen geplant, umgesetzt sowie deren Erfolg bewertet (siehe Abbildung 5).

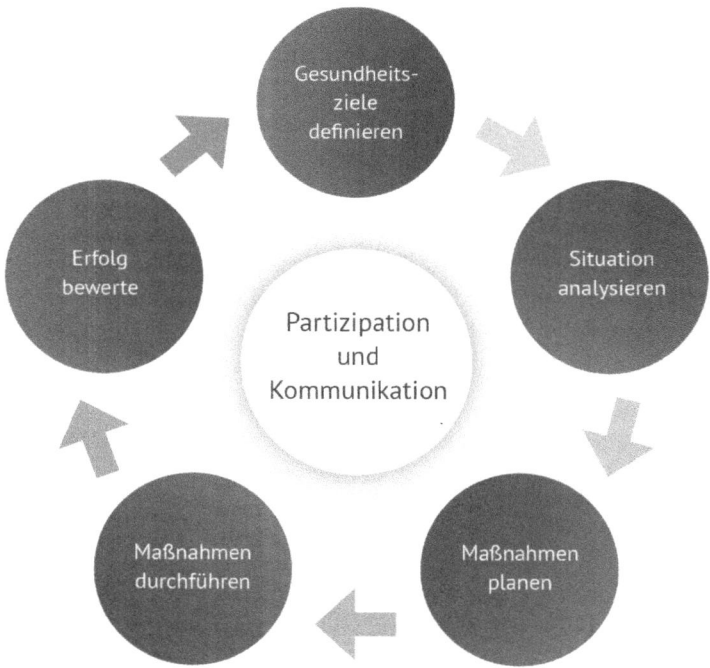

Abbildung 5: Partizipation und Kommunikation als fester Bestandteil des Projektmanagementzyklus

Partizipation und Kommunikation

Viele Unternehmen machen allerdings die Erfahrung, dass die gesundheitsfördernden Maßnahmen nur von den Beschäftigten genutzt werden, die sich ohnehin um ihre Gesundheit kümmern. Wie schafft man es, dass alle Beschäftigten die Gesundheitsangebote wahrnehmen und deren Inhalte umsetzen? Das gelingt am besten, indem man mit der Belegschaft in den Dialog geht. Dafür eignen sich z. B. Fokusgruppen, interaktive Gesundheitsmarktplätze oder Gesundheitszirkel. Dabei erhalten die Beschäftigten die Gelegenheit, bei der Klärung von Arbeitsbelastungen sowie deren Ursachen, der Entwicklung von Verbesserungsvorschlägen und der Planung erster Maßnahmen teilzuhaben. Das hilft Widerstände abzubauen und erhöht das Engagement. So wird gewährleistet, dass sich die durchgeführten Maßnahmen am Bedarf der Beschäftigten orientieren, diese die Maßnahmen tatsächlich nutzen und die Wirkungen nachhaltig sind.

Darüber hinaus ist eine fortlaufende Kommunikation zu den gesundheitsfördernden Aktivitäten (siehe Kapitel 3.3) von höchster Bedeutung. Es empfiehlt sich von Beginn an, jeden Fortschritt des Projektes – inklusive der Erfolge, z. B. durch deren Präsentation bei Dienstversammlungen, durch Aushänge und Plakate oder im Intranet transparent zu machen – so wächst sowohl das Vertrauen als auch die Beteiligungsbereitschaft der Beschäftigten.

Sowohl die Partizipation als auch die interne Kommunikation mit den Beschäftigten, bilden dabei die Kernelemente des Projektmanagementzyklus (siehe Abbildung 5) für gesundheitsförderlicheres Arbeiten. Nur so können die Aufmerksamkeit und das Interesse der Beschäftigten sowie deren Teilnahme an den Maßnahmen sichergestellt werden.

Integration

Sie führen BGF in Ihr Unternehmen ein, definieren Gesundheitsziele, führen Analysen durch, planen Maßnahmen und setzen diese um, beteiligen sogar Ihre Mitarbeiter/innen aktiv am Prozess. Doch was geschieht, wenn sich die Beschäftigten davor scheuen, eine kurze Entspannungstechnik an ihrem Bildschirmarbeitsplatz durchzuführen, weil sie befürchten, für faul gehalten zu werden? Was, wenn sie sich untereinander als Konkurrenten statt als Kolleg/innen betrachten oder einige der Führungskräfte versuchen, die Beschäftigten davon abzuhalten, weil die Einsicht in den Sinn fehlt? Damit die BGF erfolgreich ist, darf sie nicht für sich alleine stehen. Der Gesundheitsgedanke muss fest in die Unternehmenskultur integriert sein, aktiv gelebt werden und in möglichst vielen Unternehmensentscheidungen Berücksichtigung finden. BGF muss mit allen Bereichen des Unternehmens verzahnt sein, wie z. B. der Personalabteilung oder im Falle eines Kleinbetriebes, mit dem entsprechenden Verantwortlichen (siehe Kapitel 4). Der Ausgangspunkt dafür ist allerdings die Unternehmensleitung. Ein gelingendes BGF steht und fällt mit dem Grad der Unterstützung durch die Unternehmensleitung (Faller, 2012).

2.3.5 Personalentwicklung im BGM

Frau Löcker führt ein erfolgreiches Familienunternehmen im Baugewerbe. Um wirtschaftlich erfolgreich zu sein, macht sie sich regelmäßig mit den Neuigkeiten in ihrer Branche und darüber hinaus vertraut. Sie möchte mit dem Wandel der Zeit gehen, um ihr traditionsreiches Unternehmen modern zu führen und den aktuellen Herausforderungen der Arbeitswelt erfolgreich begegnen zu können. Doch in den letzten Jahren fällt es ihr und den Mitarbeiter/innen zunehmend schwerer, bei der Geschwindigkeit der Entwicklungen in der Arbeitswelt Schritt zu halten. Vieles erleichtert die Arbeit zwar, jedoch entsteht oft erst mal Stress, wenn niemand weiß, wie ein neues Verfahren überhaupt gehandhabt werden muss. Ständig entsteht hierdurch Schulungsbedarf bei den zum Teil alteingesessenen Mitarbeiter/innen. Frau Löcker ist bewusst, dass ihr Personal der entscheidende Baustein für den Erfolg ihres Unternehmens ist. Daher ist es ihr wichtig, die Arbeitsbedingungen für „ihre Arbeitsfamilie", wie sie sie oft verschmitzt lachend nennt, möglichst optimal zu gestalten. Sie weiß ja, dass die Arbeit im Baugewerbe oft wirklich hart ist. Bei Themen wie dem Arbeitsschutz sind sie schon richtig gut aufgestellt. Nun hat Frau Löcker gelesen, dass auch die mentale Gesundheit eine wichtige Rolle spielt, damit Menschen gesund arbeiten können. Daher informiert sie sich derzeit auch über Themen wie Arbeitszeitmodelle, familienfreundliche Arbeitsgestaltung, Personalentwicklung usw. Die Liste könnte sie noch weiterführen und jetzt hat sie von einem befreundeten Unternehmer gehört, dass BGM ermöglicht, sowohl die Arbeitszufriedenheit als auch die mentale und körperliche Gesundheit zu steigern. Sie erfuhr von wissenschaftlichen Belegen, dass zufriedene Mitarbeiter/innen auch gesünder sind. Deshalb möchte sie das Thema BGM gerne angehen, fragt sich jedoch, ob es vielleicht zu viel wird. Denn manchmal hat sie schon Schwierigkeiten, die jährlichen Mitarbeitergespräche, die sie als erste Maßnahmen der Personalentwicklung eingeführt hat, für alle umzusetzen… vielleicht lässt sich das Ganze ja auch irgendwie miteinander verbinden?

Um Ihnen einen Einblick in die Erkenntnisse zu geben, die Frau Löcker bei ihren Recherchen gewonnen hat, wird im folgenden Kapitel der Zusammenhang zwischen Personalentwicklung und BGM näher beleuchtet.

Ziel von Betrieben aller Branchen ist es, hochwertige Produkte und Leistungen hervorzubringen. Das setzt gesunde, leistungsfähige und motivierte Mitarbeiter/innen voraus. Um dies zu bewerkstelligen, ist zum einen natürlich jede/r Beschäftigte selbst gefragt, zum anderen tragen auch die Betriebe eine Verantwortung dafür, dass Arbeitsaufgaben und -bedingungen die Gesundheit nicht schädigen bzw. die Kompetenzen der Mitarbeiter/innen nicht permanent über- oder unterfordern.

Grundsätzlich können sowohl BGM als auch Personalentwicklung dem Personalmanagement zugeordnet werden, denn sie verfolgen ähnliche Ziele. Das BGM konzentriert sich auf die „Entwicklung betrieblicher Rahmenbedingungen, betrieblicher Strukturen und Prozesse, die eine gesundheitsförderliche Gestaltung von Arbeit und Organisation und die Befähigung zum gesundheitsfördernden Verhalten der Mitarbeiter/innen zum Ziel haben" (Badura, 2003). Die Personalentwicklung wiederum umfasst das Anbieten aufeinander abgestimmter Maßnahmen, die der Förderung und (Weiter-) Bildung von Beschäftigten dienen und damit der Organisationsentwicklung. Die Maßnahmen werden entsprechend der Unternehmensziele und vorhandenen Fähigkeiten der Mitarbeiter/innen angelegt, sodass ganz unterschiedliche Kompetenzfelder im Mittelpunkt stehen können. Es können z. B. Facetten der Fach-, Methoden-, Personal- und Sozialkompetenz geschult werden. Das übergeordnete Ziel von Personalentwicklung besteht darin, eine optimale Passung zwischen Arbeitsaufgaben sowie Fähigkeiten und Fertigkeiten der Mitarbeiter/innen herzustellen. Das bedeutet mitunter, dass die benötigten Kompetenzen aufgebaut werden müssen, wenn Arbeitsaufgaben sich wandeln und dadurch neue Anforderungen an die Beschäftigten entstehen, die deren vorhandene Fähigkeiten und Fertigkeiten überschreiten. So kann das Potential der Beschäftigten optimal ausgeschöpft werden.

Der unmittelbare Nutzen von Personalentwicklung -auch für die Gesundheit- besteht darin, dass Mitarbeiter/innen Tätigkeiten ausführen, für die sie befähigt sind – das motiviert und macht zufriedener. Denn sowohl Über- als auch permanente Unterforderung sind Stressoren, die auf Dauer krank machen können. Zudem erhöht sich die emotionale Verbundenheit mit dem Arbeitgeber, wenn sich Mitarbeiter/innen gefördert fühlen, was auch mit vermehrtem Wohlbefinden und somit höherer Leistungsfähigkeit von Beschäftigten einhergeht (Schumacher, 2016). Gesundheit ist nach der aktuellen Definition der WHO „die Fähigkeit und Motivation, ein wirtschaftlich und sozial aktives Leben zu führen" (1987). Eine Verknüpfung aus Maßnahmen der Personalentwicklung und BGM erscheint demnach das umfassendste Förderprogramm für Mitarbeiter/innen und deren Gesundheit zu sein. Und es lohnt sich, denn es geht auch um die Wettbewerbsfähigkeit Ihres Betriebes!

Aufgrund ihrer Überschneidungsmengen können Personalentwicklungs-Maßnahmen durchaus im Rahmen eines BGM-Prozesses erfolgen. So dienen diverse Maßnahmen des Arbeitsschutzes (siehe Kapitel 2.3.2), des BEM (siehe Kapitel 2.3) und vor allem der BGF der Weiterentwicklung des Personals. Besonders im Bereich der BGF bestehen für Mitarbeiter/innen verschiedenste Möglichkeiten, sich weiterzubilden, z. B. im Selbst- und Zeitmanagement oder im Erwerb von Wissen zu gesundheitsförderlichem Umgang miteinander. Zudem sind Weiterbildungsmaßnahmen zu spezifischen Fertigkeiten im Umgang mit Computern (z. B. ein Excel-Kurs) eindeutig gesundheitsassoziiert. Das mag zunächst einmal erstaunlich wirken, ist jedoch eine präventive Maßnahme zur Stressentstehung aufgrund von mangelnder Qualifikation.

So kann die Sekretärin Marianne, die während ihrer langjährigen Berufspraxis nie mit Excel arbeiten musste, ausgeprägten Stress empfinden, wenn sie plötzlich Übersichtstabellen damit erstellen soll, während es der Auszubildenden Caroline überhaupt keine Mühe macht, weil sie den Umgang mit Excel in ihrer Ausbildung erlernt hat. Eine entsprechende Weiterbildung für

Marianne ist demnach eine Möglichkeit, dem Auslöser für ihren Stress zu begegnen.

Ein fundierter BGM-Prozess, wie er in Kapitel 3 beschrieben wird, deckt wiederum auch Aspekte der Personalentwicklung ab und fokussiert u. a. die Frage, mithilfe welcher Maßnahmen die Zufriedenheit und das Wohlbefinden von Führungskräften und Mitarbeiter/innen gesteigert werden können.

Zudem gilt sowohl für Personalentwicklung als auch für BGM, dass das aktive Mitwirken der Beschäftigten unerlässlich für deren Zielerreichung ist. Denn wie sollte es auch anders sein? Damit Mitarbeiter/innen die von ihnen täglich geforderten Leistungen erbringen können und WOLLEN, ist es essentiell, auch ihre Wünsche, Erfahrungen, Interessen und Ideen zu berücksichtigen. Auch wenn es zunächst einmal trivial klingen mag: dafür ist die Einbindung (Partizipation) von ihnen unerlässlich. Maßnahmen, die ausschließlich in der Chefetage entwickelt werden, sind weniger effektiv als solche, die in einem partizipativen Vorgehen gemeinsam mit den Arbeitnehmer/innen entwickelt werden. Der Vorteil von Partizipation wird vielleicht ersichtlich, wenn Sie einmal darüber nachdenken, wie tief der Einblick Ihrer Kolleg/innen in ihr tägliches Wirken auf der Arbeit ist? Sie kennen die kleinen Fallstricke und Ärgernisse innerhalb ihrer Arbeitsabläufe! Insofern ist es hilfreich, Mitarbeiter/innen direkt anzusprechen, wenn es um die Frage gehen soll, was sie benötigen, um gesünder und stressfreier arbeiten zu können. Nicht nur, weil sie um die ganz konkreten Ansatzpunkte wissen, sondern auch weil es durchaus sein kann, dass eine von außen vorgegebene Lösung bei ihnen Widerstand erzeugt, ganz nach dem Motto: „Woher will der denn wissen, was mir hilft? Wirklich detailliert weiß der doch gar nicht Bescheid, was hier so los ist bei mir!" Solche Gedanken sind nicht ungewöhnlich und führen häufig dazu, dass vorgeschlagene (wenn auch sehr gut gemeinte Ratschläge) nicht angenommen werden. Berücksichtigt man diesen Umstand und bezieht die Mitarbeiter/innen als Expert/innen für ihren Arbeitsplatz ein, steigen die Chancen um ein Vielfaches, dass zum einen Ideen generiert werden, die am tatsächlichen Problem ansetzen und zum anderen in die Umsetzung im Arbeitsalltag gehen, weil es die Lösungen sind, mit denen die Beschäftigten sich verbunden fühlen.

Auch bei der Betrachtung der Vorgehensweisen von Personalentwicklung und BGM wird ersichtlich, dass diese sehr ähnlich ablaufen. Im Folgenden werden die Schritte eines Personalentwicklungsprozesses beschrieben. Die fünf Prozessschritte sind inhaltlich analog zu einem BGM-Prozess gestaltet. Um dies nachvollziehbar werden zu lassen, werden die Gemeinsamkeiten erläutert. Es soll ersichtlich werden, dass ein umfassender sowie gut durchdachter Prozess ausreichen kann, um die Kompetenzen der Mitarbeiter/innen auszubauen und zugleich ihre Gesundheit im Blick zu halten und zu fördern. Der idealtypische Ablauf gestaltet sich wie folgt.

Bedarfsanalyse

Im Rahmen der Personalentwicklung muss in einem ersten Schritt die Ist-Situation im Unternehmen erfasst werden, um den Ausgangspunkt für den nachfolgenden Weg bestimmen zu können. Dabei sind Fragen wichtig wie: Was wollen wir in den nächsten 2,5 oder 10 Jahren erreichen? Wie soll das Unternehmen im Jahr 2025 aussehen? Welche Ressourcen stehen uns zur Verfügung? Wie viel kann ich in meine Mitarbeiter/innen investieren? Neben solchen eher auf den Betrieb bezogenen Fragen, müssen auch die Mitarbeiter/innen thematisiert werden: Wie sehr können sie gefordert werden? Wie hoch sind ihre mentalen Ressourcen für das Erlernen neuer Kompetenzen? Wie gelingt lebenslanges Lernen?

Diese und weitere Fragen sind notwendig, um zu bestimmen, wie stark die aktuelle Situation vom gewünschten bzw. angestrebten Zustand abweicht. Um sich einen möglichst umfangreichen Eindruck von den Entwicklungsbedarfen zu verschaffen, können sowohl Befragungen als auch Beobachtungen oder Dokumentenanalysen durchgeführt werden. Mithilfe einer oder auch mehrerer dieser Methoden kann anschließend eine Aussage darüber getroffen werden, in welchen Bereichen die Beschäftigten gemäß den Unternehmenszielen und ihren individuellen Fähigkeiten eine Förderung oder Schulung hilfreich ist. Damit werden sowohl kurz- als auch langfristig die Kompetenzen von Mitarbeiter/innen aufgebaut bzw. weiterentwickelt, die das Unternehmen für ein erfolgreiches Bestehen am Markt benötigt.

Der Einstieg in einen BGF-Prozess umfasst ebenfalls eine Zielsetzungs- und Analysephase. In dieser Phase werden die Belastungen und Ressourcen der Mitarbeiter/innen fokussiert. Es wird deutlich, in welchen Bereichen sie sich überfordert fühlen, ihnen aus ihrer Sicht spezifische Kompetenzen fehlen (was in der Folge zu Stress führen kann), aber auch welche Ressourcen diese in ihrer Arbeit sehen. So kann z. B. der häufige Kontakt mit Kunden für die eine Person eine Ressource sein, da der direkte Austausch als bereichernd empfunden wird. Für andere stellt der Kundenkontakt wiederum eine Belastung dar, wenn sie z. B. konfliktscheu sind oder sich kommunikativ nicht so stark fühlen.

Die individuellen Schwierigkeiten und Belastungen werden in einem ersten Schritt ermittelt, um passgenaue Ziele und Maßnahmen entwickeln zu können.

Festlegen von Zielen und Teilzielen

Frei nach dem Motto: „Nur wer sein Ziel kennt, findet den Weg." (Laotse), ist das Setzen von Zielen in der Personalentwicklung sowie im BGM bedeutsam. Diese Aufgabe ist recht komplex, da ganz verschiedene Aspekte wie die Weiterentwicklung des Arbeitsmarktes, die technischen Fortschritte und der demografische Wandel berücksichtigt werden sollten. Hierfür ein Beispiel: *Ein Betrieb bildet bisher 40% der benötigten KFZ-Gesellen selbst aus. Die weiteren 60% wurden über den freien Arbeitsmarkt eingestellt. Diese Vorgehensweise war bislang effektiv, da die Ausbildung kosten- sowie zeitaufwendig ist und stets genügend Arbeitskräfte gefunden wurden. Doch wie sieht es in 5 bis 10 Jahren aus? Aufgrund des demografischen Wandels und der sinkenden Zahl von Bewerber/innen um freie Ausbildungsplätze werden die Geschäftsführer/innen nachdenklich. Das Angebot auf dem Arbeitsmarkt könnte zu knapp werden, sodass die eigene Aus- und Weiterbildung wichtiger wird. Ein Ziel kann demnach lauten: Wir steigern die Ausbildungsquote auf 60% und unterstützen unsere KFZ-Gesellen in der Meisterausbildung, um sie langfristig an das Unternehmen zu binden. Dies kann wiederum positive Auswirkungen auf die Gesundheit haben, da dem durch Fachkräftemangel ausgelösten Stress vorgebeugt wird. Zugleich kann aber auch das Ziel sein, mit gesundheitsförderlichen Arbeitsbedingungen für den eigenen Betrieb zu werben. Dies also als eine Strategie für das Personalmarketing einzusetzen, durch das neues Fachpersonal angeworben werden soll.*

Um zu bestimmen, in welche Richtung der Weg konkret gehen kann, ist die zuvor beschriebene Bedarfsanalyse notwendig. Aus den Ergebnissen wird wiederum der Handlungsbedarf deutlich, sodass sich entsprechende Ziele und Teilziele ableiten lassen.

Planung der Maßnahmen

Im nächsten Schritt werden auf Basis der zuvor festgelegten Ziele die passenden Maßnahmen erarbeitet. Entscheidend für die erfolgreiche Umsetzung ist, die Beschäftigten in die Planung einzubeziehen. Es wird abgewogen, welche Weiterbildungen oder Veränderungen in der Arbeitsgestaltung als hilfreich für die Weiterentwicklung und/oder Gesundheit erachtet werden. Es werden Maßnahmen geplant, die die individuellen Fähigkeiten und Fertigkeiten der Mitarbeiter/innen steigern. Darüber hinaus können auch im Bereich der Arbeitsaufteilung im Team Anpassungen geschehen, sodass alle mehr entsprechend ihren Erfahrungen und Fähigkeiten eingebunden werden. Das führt in der Folge zum einen dazu, dass die Unternehmensziele unter einem verbesserten Einsatz der Mitarbeiter-Ressourcen erreicht werden, und zum anderen ist es der Gesundheit zuträglich, wenn sich Menschen nicht ständig zu wenig oder zu stark gefordert fühlen.

Ebenso verhält es sich im BGM. Wird im Dialog mit den Beschäftigten über die Ergebnisse der Beschäftigtenbefragung zum Thema Beschwerden und Reklamationen z. B. deutlich, dass sie sich extrem gestresst fühlen durch die Beschwerden der Kund/innen, können Kommunikationstrainings für den Umgang mit kritischen Situationen eine Lösung sein. Die Befähigung zu achtsamer, deeskalierender Kommunikation kann zum einen den Stress der Mitarbeiter/innen mindern und zugleich fühlen sich Ihre Angestellten in ihren Fähigkeiten gestärkt und können auch in kritischen Situationen respektvoll interagieren, was wiederum die Zufriedenheit der Kund/innen erhöht. Damit lässt sich erneut die Brücke zu den Unternehmenszielen bauen, auf deren Erreichen Maßnahmen der Personalentwicklung vorrangig ausgerichtet sind.

Durchführung der Maßnahmen

Die Umsetzung der geplanten Maßnahmen erfolgt je nach Zielsetzung und Zielgruppe sehr unterschiedlich. Ein weiteres Mal zeigen sich hier die Parallelen. Weder in der Personalentwicklung noch im BGM existieren starre Vorgaben für Interventionen, vielmehr ist entscheidend, diese passend zu den ermittelten Bedarfen durchzuführen. Im Folgenden sind mögliche Methoden beschrieben, die sowohl in der Personalentwicklung als auch im Rahmen des BGM zum Einsatz kommen können:

- Maßnahmen am Arbeitsplatz:
  - Coaching: Beratungsgespräch zur Weiterentwicklung
  - Mentoring: enge Zusammenarbeit zwischen einem erfahrenen und einem unerfahrenen Beschäftigten
  - Jobenrichment: Erweiterung des Aufgabenspektrums mit einem höheren Anforderungsniveau
  - Jobenlargement: Erweiterung des Aufgabenspektrums mit demselben Anforderungsniveau
  - Jobrotation: Wechsel der Tätigkeiten innerhalb der Belegschaft

- Maßnahmen mit Nähe zum Beruf:
  - Qualitätszirkel
  - Lernpartnerschaft
  - Projektarbeit

- Maßnahmen mit Abstand zum Beruf:
  - Fortbildungen
  - Seminare
  - Assessment-Center
  - Workshops

- Maßnahmen zur Begleitung des Austritts aus dem Berufsleben:
  - spezielle Seminare
  - Vorträge
  - Personalgespräche
- Maßnahmen zur Einführung in das Berufsleben:
  - Trainee-Programme

- Coaching
- Praktika

Durchführung der Erfolgskontrolle

Im Anschluss an die Umsetzung von Maßnahmen, ist es sowohl in der Personalentwicklung als auch im BGM wichtig, zu überprüfen, ob die gewünschten Ergebnisse erzielt wurden. Einerseits ermöglicht dies, gegebenenfalls Anpassungen vorzunehmen, andererseits kann mithilfe der Evaluation auch der Einsatz der zeitlichen und finanziellen Ressourcen bewertet werden, um die durchgeführten Interventionen zu rechtfertigen. Hier bietet sich z. B. die Wiederholung von durchgeführten Eingangsbefragungen an. Die kritischen Werte können dann verglichen werden, um zu ermitteln, ob sich Verbesserungen ergeben haben. Auch während der Veränderungsprozesse sollte immer wieder geschaut werden, ob durchgeführte Maßnahmen in die angestrebte Richtung führen. Hierfür eignen sich eher niedrigschwellige Vorgehensweisen wie z. B. der Austausch im Rahmen von Teamsitzungen. Legt man die Abschlussevaluation etwas längerfristiger an, sind im günstigsten Fall leistungsfähigere und gesündere Mitarbeiter/innen, erhöhte Arbeitsproduktivität sowie zufriedenere Kund/innen gute Kennzeichen, anhand derer sich der Erfolg der Maßnahmen ermitteln lässt. Und nicht zuletzt spiegeln, vermittelt über diese Faktoren, auch verbesserte Geschäftszahlen den Erfolg der Personalentwicklungs- und BGM-Maßnahmen wider. Die Vorgehensweise der Evaluation ist für beide Prozesse gleich, wodurch wiederum deutlich wird, dass das Vernetzen der Bereiche lohnend ist, um Ressourcen einzusparen.

Im Fazit zielen sowohl Personalentwicklung als auch BGM, als strategische Elemente erfolgreicher Betriebe, auf das Optimieren von Arbeit als Ganzes ab. Die Ansatzpunkte dafür sind vielgestaltig und sowohl in der Person selbst als auch in den materiellen und sozialen Arbeitsbedingungen zu finden. Da Gesundheit und Leistungsfähigkeit untrennbar miteinander verwoben sind und zugleich zentrale Voraussetzungen für den Erfolg eines jeden Unternehmens darstellen, erscheint es nicht nur aus finanziellen Erwägungen effizienter, Synergien zwischen beiden zu nutzen. Ein kombiniertes Vorgehen rückt zudem die Belange der Mitarbeiter/innen umfassender in den Fokus, was die emotionale Bindung an den Arbeitgeber fördert. Da die

Belegschaft den Unternehmenserfolg sichert oder auch gefährdet, wenn Leistungsfähigkeit oder -motivation von dem abweichen, was Unternehmensziele vorgeben, erscheint es ratsam, die Arbeitstätigkeit möglichst ressourcenorientiert zu gestalten. Dies kann materiell, aber auch immateriell wie durch Schulung von Fähigkeiten, soziale oder gesundheitliche Unterstützung geschehen. Dazu eignen sich die gleichen Vorgehensweisen wie sie auch zur Förderung jedes anderen Leistungsverhaltens eingesetzt werden. Denn gesundheitsgerechtes Verhalten ist neben der Motivation oftmals auch eine Frage der Qualifikation.

Damit der Einsatz finanzieller und zeitlicher Ressourcen für derartige Prozesse übersichtlich bleibt, erscheint es lohnenswert, Maßnahmen der Personalentwicklung integriert in BGM-Prozesse durchzuführen. So wird neben der Weiterbildung und Kompetenzentwicklung der Beschäftigten auch deren Gesundheit fokussiert und eine ganzheitliche Entwicklung verfolgt. Denn auch fachlich kompetente, aber zugleich fehlbeanspruchte Mitarbeiter/innen können ihr Leistungspotential nur ungenügend abrufen und laufen langfristig Gefahr zu erkranken.

2.3.6 Wirtschaftlichkeit und Nachhaltigkeit

Der gesundheitliche Nutzen eines BGM für die Mitarbeiter/innen ist einerseits intuitiv nachvollziehbar, wurde andererseits aber auch durch zahlreiche Studien belegt. Ja, es hilft Ihnen dabei, die Gesundheit und Motivation Ihrer Mitarbeiter/innen zu fördern. Zudem werden diese dadurch produktiver und das Unternehmen wird attraktiver für potentielle Bewerber/innen. Dennoch bleibt eine ganz konkrete Frage für Sie als Unternehmer/in: „Lohnt sich das auch aus ökonomischer Sicht?".

Die Anzahl der durchschnittlichen AU-Tage ist zwischen 2006 und 2015 um insgesamt 35,4 % gestiegen, von 11,5 auf 15,4 Tage (siehe Abbildung 6; Statista, 2017b). Dabei sind insbesondere die Anzahl der AU-Tage aufgrund psychischer Erkrankungen im benannten Zeitraum um beachtliche 94 % gestiegen (Statista, 2017c).

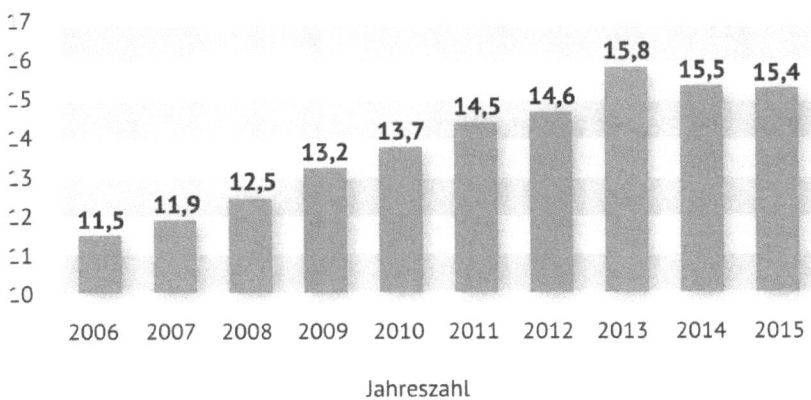

Abbildung 6: Durchschnittliche Anzahl von AU-Tagen je Versicherungsmit-glied in Deutschland von 2006 bis 2015 (eigene Darstellung, Datenquelle: Statista, 2017a)

Dazu ein kurzes Beispiel: *Sie sind Geschäftsführer der „Muster GmbH und haben 50 Beschäftigte. Sie zahlen jedem/r Mitarbeiter/in ein durchschnittliches Jahreseinkommen von 25.000 €, für 261 Arbeitstage im Jahr (Statista, 2017a; Gloede, 2010, S. 30). Das bedeutet, dass das durchschnittliche Tagesgehalt Ihrer Mitarbeiter/innen 95,79 € beträgt.*
Nehmen wir nun die durchschnittliche Anzahl von 15,4 AU-Tagen aus 2015, dann bedeutet das für Sie 1.475,17 € an durchschnittlichen Krankheitskosten pro Mitarbeiter/in. Bei 50 Beschäftigten, ergeben sich damit Gesamtkosten in Höhe von 73.758,50 €. Daten aus zahlreichen Studien zeigen wiederum, dass sich die Anzahl krankheitsbedingter Fehlzeiten durch gezielte gesundheitsfördernde Maßnahmen im Mittel um 26 % reduziert (Bamberg et. al. 2011). Ausgehend von diesem Wert würden sich die durchschnittlichen AU-Tage auf 11,4 pro Jahr und Mitarbeiter/in reduzieren. Die Gesamtkosten würden dann nur noch 54.581,29 € pro Jahr betragen, was eine Reduktion von 19.177,21 € bedeutet.

Diese Berechnung zeigt beispielhaft die mögliche Größenordnung bei ausschließlich theoretischer Betrachtung. Dass der praktische Umgang mit dem

Krankenstand im Betrieb ein anderer ist, zeigt dennoch die betriebswirtschaftliche Relevanz.

Anzahl Mitarbeiter (MA)	Durchschnittliches Jahresgehalt pro MA	Arbeitstage im Jahr	Tagesgehalt pro MA
50	25.000 €	261	95,79

	Ø AU-Tage in 2015 (15,4)	Ø Reduktion der AU-Tage um 26% (11,4)	Ergebnis mit BGM
Ø Krankenkosten pro MA und Jahr	1.475,17 €	1.091,62 €	383,55 € Einsparung
Ø Krankenkosten gesamt	73.758,50 €	54.581,29 €	19.177,21 € Einsparung

Tabelle 3: Beispielkalkulation für die Muster GmbH

Die Höhe von Krankenständen ist nur eine von vielen Dimensionen, die durch BGM beeinflusst wird. Die positiven Auswirkungen von BGM auf Ihre Wettbewerbsfähigkeit sind jedoch viel weitreichender.

Welche Mechanismen liegen diesen Wirkzusammenhängen zugrunde?

Durch die Reduzierung der AU-Tage im Betrieb, sinken nicht nur die Kosten, auch die Personalverfügbarkeit verbessert sich. Gerade wenn Ihr Unternehmen zu den KMU zählt, wissen Sie am besten, wie sehr der krankheitsbedingte Ausfall einer/s Beschäftigten belastet. Entweder müssen nun alle anderen mehr leisten oder Aufträge stauen sich an, im schlimmsten Fall können sie nicht angenommen werden. Das zehrt an den Kräften, verursacht Stress, verringert sowohl die Leistungsfähigkeit als auch die Motivation der Mitarbeiter/innen und erhöht damit das Risiko, dass noch weitere von ihnen ausfallen – eine Abwärtsspirale setzt sich in Gang.

Wie gesund und produktiv die Beschäftigten sind, wird allerdings nicht nur durch das Arbeitsaufkommen beeinflusst, sondern auch durch das Betriebsklima, das soziale Miteinander unter den Mitarbeiter/innen und Führungskräften. Dabei spielt Kommunikation eine entscheidende Rolle. Stimmt die Kommunikation im Unternehmen, so wirkt sich das positiv auf das Betriebsklima aus. Die Motivation der Mitarbeiter/innen steigt und ihre Energie fließt in die Aufgaben – anstatt in zwischenmenschliche Konflikte. Durch den verbesserten Wissens- und Informationsaustausch können Aufgaben effizienter ausgeführt und Bearbeitungszeiten verkürzt werden. Im Resultat laufen Prozesse reibungsloser ab und die Produktivität steigt (Bruhn & Ahlers, 2011).

Eine bessere Stimmung wirkt sich weiterhin auf den Kundenkontakt aus. Sind Ihre Mitarbeiter/innen besser gelaunt und besitzen positive kommunikative Fähigkeiten, werden sie Kund/innen gegenüber freundlicher auftreten und Konfliktsituationen gelassener meistern. Das führt zu einer höheren Kundenzufriedenheit und Kundenbindung, die Ihre Wiederverkaufsraten steigern (Gibson-Odgers, 2008).

Fühlen sich die Beschäftigten im Betrieb wohl, dann bleiben sie. Dadurch sparen Sie sich unnötige Produktivitätseinbußen sowie Kosten durch Personalakquise und Einarbeitungszeiten (Harris, 2006). Darüber hinaus nimmt die Produktivität Ihrer Mitarbeiter/innen allein durch Lerneffekte von Jahr zu Jahr zu. Besonders durch den bestehenden Fachkräftemangel und demografischen Wandel ist der Erhalt Ihrer erfahrenen Mitarbeiter/innen ein besonderer Wettbewerbsvorteil.

Wie Sie sehen, geht der finanzielle Nutzen eines BGM weit über das Einsparen von Krankheitskosten hinaus. Und das ist sogar wissenschaftlich belegt: Aus 2.400 Studien der vergangenen Jahre konnte eine durchschnittliche Rentabilität von BGM-Maßnahmen von 1:2,2 ermittelt werden (Pieper & Schröer, 2015). Natürlich bedeutet jede Investition zunächst einen zusätzlichen Einsatz von finanziellen und personellen Ressourcen, so ist es auch bei der Einführung von BGM. Sobald es allerdings etabliert ist, wird Ihr Unter-

nehmen durch die daraus resultierenden Einsparungen und Produktivitätssteigerungen belohnt, wodurch sich mittel- und langfristig auch Ihre Gewinne erhöhen können.

Außerdem sind Sie beim Aufbau Ihres BGM nicht auf sich allein gestellt,
sondern können von den gesetzlichen Krankenkassen und anderen Kosten-
trägern finanziell unterstützt werden. Darüber hinaus bieten diese auch fachliche Hilfestellungen an, z. B. bei der

- Ziel- und Konzeptentwicklung sowie dem Aufbau des BGM,
- Durchführung von Arbeitsunfähigkeits- und Altersstrukturanalysen,
- Moderation von Arbeitsgruppen und Gesundheitszirkeln sowie Befra-
  gungen,
- Auswahl, Planung und Durchführung gesundheitsfördernder Maßnah-
  men und der Gestaltung,
  gesundheitsfördernder Arbeitsbedingungen sowie der
- Erfolgsbewertung.

Alles, was Sie dafür tun müssen, ist Kontakt mit der Krankenkasse aufzu-
nehmen, z. B. mit der, bei der die meisten Ihrer Mitarbeiter/innen versichert
sind. Diese wird Sie anschließend über den Umfang der Unterstützung informieren, die sie auf dem Weg zu BGM erbringen kann.

Doch nicht nur die Krankenkassen unterstützen Sie beim BGM. Als Arbeitgeber können Sie selbst bis zu 500 Euro pro Jahr und Mitarbeiter/in für
qualitätsgeprüfte BGF-Maßnahmen steuerfrei investieren. Diese Steuerbe-
freiung entspringt dem §3 Nr. 34 EStG. Die Finanzämter orientieren sich
hierbei am sogenannten „Leitfaden Prävention", der die Qualitätskriterien
für die Maßnahmen der Krankenkassen vorgibt.

Die Chancen, die ein BGM bietet, waren besonders für KMU noch nie so
groß wie heute. Die jährlichen Einsparpotentiale an Krankheitskosten und
die damit verbundenen Produktivitätssteigerungen haben in den vergangenen Jahren immer weiter zugenommen.

2.3.7 Schnittstellen zu anderen Systematiken

Sie sind prinzipiell davon überzeugt, dass die Einführung eines BGM eine sinnvolle und rentable Investition in Ihr Unternehmen ist, aber es mangelt Ihnen scheinbar an personellen Ressourcen? Dann geht es Ihnen wie 68% aller KMUs (Lüerßen et al., 2015). Viele Unternehmen sind der Meinung, dass sie für BGM gänzlich neue Prozesse und Strukturen schaffen und dementsprechend viel investieren müssten. Jedoch kann es durchaus sein, dass der zusätzliche Aufwand weit geringer ist, als Sie sich vorstellen. Warum? Der Grund ist, dass die Inhalte von BGM mit zahlreichen anderen Ansätzen oder Managementsystemen verknüpfbar sind, von denen Sie mitunter bereits einige praktizieren oder über deren Einführung Sie ohnehin bereits nachgedacht haben. Sie würden zwei Fliegen mit einer Klappe schlagen!

Organisationsentwicklung

Wie in den vorangegangenen Kapiteln bereits dargestellt wurde, sind mit dem Arbeitsschutz und dem BEM bereits zwei von drei Komponenten des BGM erfüllt (z. B. Kapitel 2.3.1). Außerdem sind Maßnahmen des BGF eng mit Maßnahmen der Personalentwicklung verknüpft (siehe Kapitel 2.3.5). Wenn darüber hinaus bereits Organisationsentwicklungsprozesse begonnen wurden, dann sind bereits erste, wesentliche Schritte in Richtung BGM unternommen. So ist das Ziel von Organisationsentwicklungsprozessen eine gleichzeitige Verbesserung der Leistungsfähigkeit der Organisation sowie der Qualität des Arbeitslebens. Genauso zielt BGM darauf ab, die Qualität des Arbeitslebens im Unternehmen zu erhöhen, wodurch die Leistungsfähigkeit der Organisation zunimmt. Darüber hinaus, setzen sowohl allgemeine Organisationsentwicklungsprozesse als auch BGM an den Strukturen und Prozessen (Verhältnisse), wie auch an den Mitarbeiter/innen (Verhalten) selbst an. Dabei legen sie einen besonderen Wert auf das Mitwirken der Mitarbeiter/innen, da deren Veränderungsbereitschaft mit dem Grad ihrer Partizipation wächst (Bürgermeister, 2008).

Um die Akzeptanz des Unternehmens bei Kund/innen, Partner/innen und Behörden zu stärken, lassen sich viele Unternehmen in unterschiedlichen Modellen des Qualitätsmanagements zertifizieren. Sollte das auch bei Ihnen der Fall sein, dann bestehen in Ihrem Unternehmen bereits Strukturen, Prozesse und Verantwortlichkeiten, die große Schnittmengen mit dem BGM besitzen (Burnus et al., 2014). Beide stellen, neben den Strukturen und Prozessen, die Menschen in der Organisation in den Vordergrund, indem sie in erster Linie die Mitarbeiter/innen und Führungskräfte als primäre Leistungserbringer betrachten. Deshalb wird in beiden Ansätzen auch ein besonderer Wert auf Partizipation gelegt. Dabei wirken besonders die Führungskräfte als Multiplikatoren. Sie sind dafür verantwortlich, die Kultur des Unternehmens vorzuleben, eine klare Strategie zu formulieren, Mitarbeiter/innen zu führen sowie Partnerschaften zu knüpfen und Ressourcen bereitzustellen. Diese wirken anschließend zusammen, um Produkte und Dienstleistungen zu erstellen, die wiederum für den betrieblichen Erfolg von entscheidender Bedeutung sind. Darüber hinaus verwenden beide den gleichen Management-Zyklus (siehe Abbildung 5), nämlich den der Planung, Ausführung, Kontrolle und Anpassung bzw. Plan, Do, Check, Act (PDCA) und streben mithilfe dessen nach kontinuierlicher Verbesserung des Unternehmens. Dabei werden sowohl beim Qualitätsmanagement als auch beim BGM die in der Planung definierten Ziele in der Gesamtstrategie des Unternehmens verankert. Ergebnisse werden kontinuierlich analysiert und bewertet, wodurch Lernprozesse und die Verbesserung des Unternehmens ermöglicht werden (EFQM, 2012).

Lern- und Entwicklungsprozesse des Unternehmens werden neben dem Qualitätsmanagement auch in der Balanced Scorecard (BSC) als Frühindikatoren für den unternehmerischen Erfolg gesehen. Neben den Lern- und Entwicklungszielen werden mithilfe der BSC Ziele für interne Prozesse, Kundenbeziehungen sowie Finanzen bewertet und gesteuert. Wie die vorangegangenen Kapitel zeigen, wirkt sich BGM positiv auf all diese Dimensionen aus, weshalb verschiedene Möglichkeiten bestehen, es mit diesem Managementinstrument zu verknüpfen. So existieren beispielsweise Modelle, die die Systematik der BSC auf BGM zu einer „Gesundheits-BSC" übertragen (Hovráth et al., 2009).

Des Weiteren können die im Rahmen eines BGM ermittelten Daten als Frühindikatoren genutzt werden, um entstehende Probleme frühzeitig erkennen und lösen zu können. So können z. B. gesundheitsschädigendes Verhalten wie Rauchen und ein dauerhaft hoher Stresspegel Frühindikatoren für spätere krankheitsbedingte Fehlzeiten sein. Diese können u. a. durch verhaltenspräventive Maßnahmen wie Rauchentwöhnungskurse oder Stressbewältigungstrainings beeinflusst werden. Unzufriedenheit mit Vorgesetzten oder den übertragenen Arbeitsaufgaben können hingegen Frühindikatoren für eine innere Kündigung und den anschließenden Arbeitgeberwechsel sein. Diesen Faktoren kann wiederum durch positives Führungskräfteverhalten sowie gezielter stärkenbasierter Vergabe von Arbeitsaufgaben entgegengewirkt werden.

Dieser Ausflug in die verschiedenen, verwandten Management- und „Gesundheits"-Konzepte zeigt, dass es in vielen Unternehmen bereits diverse Ansätze gibt, die aber noch stärker nutzbar gemacht werden können, wenn sie auf ihre wesentlichen Bestandteile (Methoden) hin abgeklopft werden. Die dann erkennbaren Ähnlichkeiten und Parallelen bieten Kombinationsmöglichkeiten, die Dopplungen vermeiden und Synergien befördern. Besonders deutlich wird diese Beschreibung beim BEM; verknüpft man die drei Säulen –ArbSch, BEM und BGF- intelligent, so wird die Gesamtheit deutlich wirkungsvoller als jeder einzelne Bestandteil isoliert betrieben. Auf dieser Basis sind dann Verknüpfungen mit anderen Management-Verfahren -Qualitätsmanagement, BSC u.v.m.- möglich und sinnvoll. Trotz der zunächst kompliziert anmutenden Konzepte, sind gerade die Kombinationsmöglichkeiten und deren Reduzierung auf das Wesentliche dann auch für kleinere Betriebe (KMU) handhabbar.

3. Einführung von BGM

3.1 Das BGM-Konzept am Beispiel ZAGG

Nachvollziehbar und wirkungsvoll: das sollten Prozesse der Gesundheitsförderung sein! Zum einen liegt das an der Struktur eines Angebotes an sich, zum anderen an den Möglichkeiten der Umsetzung und der Unterstützung innerhalb eines Betriebes. Ein solches BGM-Konzept, das auf alle Unternehmensformen und -größen passt, sowie in allen Branchen erfolgreich realisiert werden kann, wird im Folgenden vorgestellt.

Unser Konzept ist in seiner Basis ein Prozess der organisationalen Entwicklung (OE). Es werden nicht nur oberflächliche Themen der Betriebe bearbeitet, deren Effekte schnell wieder verpuffen. Vielmehr geht es um die Entwicklung bzw. den stärkeren Ausbau einer Firmenkultur, in der das Thema Gesundheit fest verankert ist. Ziel soll es sein, die Gesundheit schrittweise so in allen Bereichen, Abläufen und Strategien des betrieblichen Umfeldes zu integrieren, dass sie wie automatisch mitgedacht und gelebt wird. Das macht letztendlich ein gutes und erfolgreiches BGM aus.

Als Grundlagen gelten hierbei Offenheit und Mitspracherecht möglichst aller Akteure im Unternehmen. Offenheit insofern, als dass der Prozess für jeden der Beteiligten klar und strukturiert nachvollziehbar geplant und umgesetzt wird. Das gilt sowohl für die professionellen Berater/innen, welche die Betriebe in der Umsetzung unterstützen und begleiten, als auch für alle Beteiligten des Betriebes. Nur wenn klar ist, wann und warum welcher Schritt gewählt wird, kann eine vertrauensvolle Zusammenarbeit zum Erfolg führen.

Auch die aktive Beteiligung möglichst aller Akteure eines Unternehmens ist von entscheidender Bedeutung. Die Aussicht auf Veränderungen führt oft zu Unsicherheiten oder sogar Ängsten in der Belegschaft. Was wird wohl passieren? Werde ich überflüssig oder sogar entlassen? Wird sich mein Aufgabenfeld ändern? Kann ich hinterher noch mit meinen gewohnten Kolleg/innen zusammenarbeiten? Diese und viele andere Fragen stellen sich den Beschäftigten. Kein Wunder, dass sich mancher überrumpelt oder hilflos fühlt und sicherheitshalber mit extra großer Skepsis und Ablehnung auf die Vorschläge der Gesundheitsförderer reagiert. Daher hat es sich als grundlegende Voraussetzung herauskristalliert, dass möglichst viele Personen eines Betriebes in die Entscheidungsfindung, Ideengenerierung und Planung eines Gesundheitsförderungsprozesses einbezogen werden. Kurz: Entscheidungen und Planungen, die von den Mitarbeiter/innen mit beschlossen wurden, werden eher akzeptiert, umgesetzt und längerfristig getragen. Sie sind folglich oft auch erfolgreicher.

Im Unternehmen „Elektro Flix" war genau das passiert, was nicht hätte passieren sollen. Die Geschäftsführung hatte es nur gut gemeint und den Beschäftigten ein Stressbewältigungstraining bei einem renommierten Trainer besorgt. Viele klagten, dass sie nur noch gestresst sind und kaum noch abschalten können, wenn sie nach Hause kommen. Da schien ein solches Training perfekt zu passen. Das Training wurde beworben und die Kolleg/innen konnten sich auf freiwilliger Basis in eine Interessentenliste eintragen. So weit, so gut. Nur blieb die Liste leider leer. Was war passiert? Erst nach direktem Nachfragen bei der Belegschaft wurde klar, dass sich die Mehrheit der Kolleg/innen durch das Angebot nicht ernst genommen fühlte. Niemand hatte sie gefragt, ob sie so etwas überhaupt wollten. Weder wussten sie, warum das Angebot plötzlich vorhanden war, noch welcher Zweck sich dahinter verbarg. Letztendlich machte sich die Meinung breit: „Erst mal muss etwas an den Rahmenbedingungen getan werden, sonst brauche ich mich auch nicht zu entspannen." oder: „Da lenkt die Geschäftsführung wieder schön von den eigentlichen Problemen ab. So gut entspannt können wir vielleicht noch mehr schuften. Nicht mit mir! Da mache ich nicht mit!" Solche frustrierenden Situationen können vermieden werden, indem die Belegschaft von Beginn an in die Entscheidungsfindung einbezogen wird. Klare Informationen über Sinn und Zweck solcher Angebote helfen immer dabei, das Anliegen zu verdeutlichen.

Hieraus ergibt sich eine weitere wichtige Grundlage des ZAGG- Konzeptes: Es handelt sich hierbei um ein Vorgehen, welches als Prozess in fünf Stufen (siehe Abbildung 5) angelegt ist. Das bedeutet zunächst natürlich im Vergleich zu einmaligen gesundheitsfördernden Maßnahmen das Investieren von etwas Zeit. Nachhaltigkeit wird jedoch nur über langfristig angelegte

Prozesse erreicht, in welchen sich Zeit für die Planung und die Umsetzung sowie für ein aussagekräftiges Feedback genommen wird.

Die Betriebe werden durch professionelle Berater/innen bei der Einführung, der Umsetzung und der Aufrechterhaltung des BGM begleitet. Diese stehen den Betrieben mit Rat und Tat zur Seite. Sie greifen die Bedarfe, Interessen und Rahmenbedingungen des Betriebes auf und ergänzen die innerbetrieblichen Erfahrungswerte durch die eigene Expertise in der Gesundheitsförderung. Gemeinsam entsteht so eine Zusammenarbeit, in welcher der Betrieb über die zu bearbeitenden Themen und Inhalte entscheidet und der/die Berater/in über das methodische Know-how sowie über das Wissen passender Angebote und Maßnahmen verfügt.

Die Grundlagen des ZAGG-BGM-Konzeptes sind Offenheit, Transparenz und Mitspracherecht sowie Teilhabe aller Akteure im Betrieb. Zugleich handelt es sich um ein langfristig angelegtes, prozesshaftes Vorgehen, damit gesundes Arbeiten nachhaltig in den betrieblichen Strukturen verankert werden kann. Der BGM-Prozess im Betrieb findet im Wesentlichen in fünf Schritten statt, welche im Folgenden näher erläutert werden. Ein praktisches Umsetzungsbeispiel finden Sie in Kapitel 7.

3.2 Das Vorgehen in fünf Schritten

3.2.1 Ziele und Strategie

Das Strategiegespräch

Zunächst werden in einem gemeinsamen Gespräch mit extern beratenden Personen Rahmenbedingungen geklärt und Ziele definiert. Was verbindet das Unternehmen mit BGM? Wohin soll die Reise gehen? Was darf keinesfalls passieren? Wo gibt es bereits Ressourcen, auf die aufgebaut werden kann. Hier entsteht die Arbeitsgrundlage im Sinne einer Auftragsklärung.

Die Alternative: Der Strategieworkshop

Bereits in der ersten Phase sollte der Aushandlungsprozess für die Projektziele beginnen. In einem ersten Strategieworkshop werden diese Projektziele vereinbart und formuliert. Die Teilnehmenden sollten nach Möglichkeit später auch dem Steuerkreis Gesundheit angehören, das Mitwirken mindestens eines Mitglieds der Geschäftsleitung ist unverzichtbar. Erst danach steht fest, mit welchen Fragestellungen weitere Analyseschritte unternommen werden. In größeren Betrieben sollte daraufhin eine schriftliche Befragung der Beschäftigten folgen.

Der Strategieworkshop hat in der Regel einen zeitlichen Umfang von vier bis fünf Stunden. Zum Leistungsumfang gehören auch eine ausführliche Dokumentation sowie die Formulierung der Projektziele.

Bei der Friseurkette Querschnitt hat sich die Geschäftsführung in einem Erstgespräch mit einem professionellen Berater sowie mit Unterstützung der Krankenkasse dazu entschieden, mehrere Beschäftigte und Führungskräfte zu einem Strategieworkshop einzuladen. Es soll darum gehen, die groben Themen und Ziele für den Start ins BGM zu diskutieren und festzuschreiben. Der Geschäftsführung war es sehr wichtig, aufgrund der Gliederung des Betriebes in unterschiedliche Filialen, diese auch im Workshop repräsentiert zu haben. Niemand soll sich ausgeschlossen fühlen. Sowohl bei der Planung als auch bei der Umsetzung und Dokumentation der Veranstaltung wird das Unternehmen durch externe Berater unterstützt. Nach strukturierten Diskussionen, dem Ausräumen von Befürchtungen und Vorurteilen sowie der gemeinsamen Zielsetzung der groben Themen liegen nun die folgenden Ergebnisse vor: Zunächst soll eine Beschäftigtenbefragung Klarheit darüber schaffen, welche Belastungen und Ressourcen es im Unternehmen gibt. Anschließend sollen zunächst 5 der 25 Salons im Rahmen von Arbeitsgruppen ihre konkreten Belastungen diskutieren und mithilfe professioneller Moderator/innen Lösungsideen entwickeln. Jedem Salon steht anschließend ein fest beziffertes Budget zur Gesundheitsförderung zur Verfügung, welches sie in Absprache mit der Geschäftsführung verwenden können.

Die Gründung einer Steuerungsgruppe bzw. einer festen Informationskette unter Einbindung der Geschäftsführung ist ein wesentlicher Schritt, welcher im Rahmen der Strategiephase bereits geplant werden sollte. In einer solchen Gruppe laufen alle Informationen zum BGM zusammen, werden diskutiert und bewertet. Ein solches Gremium lenkt den Prozess und trifft Entscheidungen, ohne dabei die Meinung und die Belange der Beschäftigten aus dem Blick zu verlieren.

3.2.2 Die Analyse – Wie sieht es aktuell im Betrieb aus?

Ohne zu wissen, welche Faktoren in Ihrem Unternehmen die Gesundheit der Mitarbeiter/innen sowohl positiv als auch negativ beeinflussen, kann ein Gesundheitsförderungsprozess kaum sinnvoll starten. Um auf einem soliden Fundament aufbauen zu können, wird im zweiten Schritt die aktuelle Gesundheitssituation unter die Lupe genommen. Die wesentlichen Fragen, die beantwortet werden müssen, sind einerseits: Was sind unsere starken Seiten? Worauf können wir vertrauen? Was läuft gut? Andererseits sollte deutlich werden, welche Schwachstellen es gibt und an welchen Stellen Potentiale mehr genutzt werden können. Wo gibt es Veränderungsbedarf? Was müssten wir ändern, damit die Arbeit im Betrieb gesundheitsförderlich gestaltet ist?

Um diese Fragen zu beantworten, können unterschiedliche Methoden verwendet werden. Welche für Ihren Betrieb am besten passt, wird gemeinsam mit dem/der Berater/in ausgewählt. Die am häufigsten genutzten Methoden sind die schriftliche Beschäftigtenbefragung sowie persönliche, strukturierte Interviews. Beide methodischen Herangehensweisen haben spezifische Vorteile, die in der folgenden Tabelle aufgeführt sind und bei der Auswahl unterstützen können.

Schriftliche Befragung	Persönliche Interviews
Erreichen vieler Mitarbeiter/innen	Es besteht die Möglichkeit, zwischen den Zeilen zu lesen (Mimik/Gestik)
Geringer Zeitaufwand	
Vergleichsweise geringe Kosten	Ein tieferes Nachhaken wird möglich
Quantifizierbare Ergebnisse, Ermittlung von statistischen Zusammenhängen relativ leicht möglich	Es besteht die Möglichkeit, eine persönliche, angenehme Gesprächsatmosphäre herzustellen
Verhindern von Hemmungen im Umgang mit Interviewer/in	Es sind ausführlichere Interviews möglich
Weniger sozial erwünschte Antworten	Geringere Abbruchwahrscheinlichkeit durch die Befragten
Höhere Anonymität	Die Fragen können bei Bedarf erklärt werden
	Weniger Ablenkungsquellen, da die Situation durch den/die Interviewer/in kontrollierbar ist

Tabelle 4: Argumente für schriftliche vs. mündliche Befragung

Durch ohnehin im Unternehmen vorhandene Daten wie z. B. Statistiken über krankheitsbedingte Arbeitsausfälle, Ergebnisse früherer Befragungen oder eine Analyse der Altersstruktur lassen sich die Resultate der Analysephase wunderbar ergänzen und z. T. konkretisieren.

Egal, für welche Methode Sie sich entscheiden: Die Daten werden professionell ausgewertet und die Ergebnisse in einem übersichtlichen Bericht mit ersten Handlungsempfehlungen zusammengefasst. Zudem werden die Ergebnisse persönlich präsentiert und diskutiert.

Um sicherzustellen, dass die Befragung der Mitarbeiter/innen im BGM nicht als Kontrollmaßnahme empfunden wird und damit Befürchtungen, Ängste oder Misstrauen auslösen, ist eine gute Vorbereitung und Einführung entscheidend. Folgende Fragen und Aspekte gilt es zu berücksichtigen:

- Wird die Befragung intern oder durch externe Partner/innen geleitet?
- Welches Verfahren möchten Sie anwenden?
- Die Mitarbeiter/innen müssen informiert werden: Transparenz herstellen, um Befürchtungen und Zweifeln entgegenzutreten.
- Eine freiwillige Teilnahme ermöglichen.
- Anonymität gewährleisten: Klären, wohin der Rücklauf geht (z. B. Urnen bereitstellen).
- Abgabefrist setzen: Erstrebenswert ist eine Rücklaufquote von mehr als 40%. Erreicht man einen Rücklauf von weniger als 30%, könnte dies ein Hinweis darauf sein, dass die Mitarbeiter/innen wenig Vertrauen in das Projekt und wenig positive Erwartungen an das Projekt haben.
- Verfügen Sie über das Wissen und die Mittel zur Dateneingabe und Auswertung? Oder ist das eine Aufgabe für eine/n externen Partner/in?

Und dann?

Die Leitung der Kita Pusteblume kann mit den Ergebnissen noch nicht so viel anfangen. Das ist ihr alles noch zu wenig konkret. Die schriftliche Beschäftigtenbefragung hat ergeben, dass die Kommunikation nicht gut funktioniert und die Kolleg/innen das Gefühl haben, zu wenig Unterstützung durch Vorgesetzte zu bekommen. Außerdem wurde die Pausenregelung als unzureichend bewertet. Was steckt nun aber konkret dahinter? Ist die Kommunikation in der ganzen Einrichtung oder nur in bestimmten Etagen und Bereichen gemeint? Woran genau machen die Kolleg/innen diese Bewertung fest? Die Pausenregelung wurde vor einem halben Jahr gerade neu überarbeitet und alle scheinen zufrieden. Dieses Ergebnis lässt sie nun völlig verzweifeln. Warum sagt denn keine/r was? Es müssen konkretere Aussagen her, um auch wirklich zielgerichtet weiterarbeiten zu können...

3.2.3 Der Dialog mit Beschäftigten – Was können wir gemeinsam tun?

Die Leitung entscheidet sich für einen sogenannten Marktplatz Gesundheit. Das ermöglicht ihr, alle Mitarbeiter/innen in den Prozess der Gesundheitsförderung einzubinden. An einem Schließtag werden mit professioneller Unterstützung Themenwände mit spezifischen Fragestellungen zu den Ergebnissen der Mitarbeiter/innenbefragung aufgebaut. Zum Thema Pausenregelung wird gefragt: „Was genau belastet Sie an der derzeitigen Regelung der Pausen?" und „Welche Veränderung würde helfen, um die Pausenregelung nicht mehr als Belastung zu erleben?" Zum Thema Kommunikation werden die folgenden Fragen gestellt: „An welchen Stellen in der Kommunikation läuft es nicht rund?" sowie „Welche konkreten Ideen haben Sie, um die Kommunikation im Haus zu verbessern?" Neben diesen Themen werden noch weitere bearbeitet. Alle Mitarbeiter/innen haben an diesem Tag die Gelegenheit, ihre Meinung zu den genannten Themen schriftlich an Moderationswänden festzuhalten. Dabei geht es nicht nur um das übliche Gemeckere, sondern in erster Linie um die konkreten Lösungsideen der Beschäftigten. Mit den Ergebnissen des Marktplatzes kann die Leitung mit Unterstützung der Mitarbeiter/innen nun zielgerichteter an die Arbeit gehen und erste Veränderungen in Richtung mehr Gesundheit am Arbeitsplatz vornehmen.

Der Dialog mit den Beschäftigten steht im Mittelpunkt des dritten Schrittes des BGM- Konzeptes. Ziel ist es, die Ergebnisse der Analysephase sowohl zu konkretisieren als auch konkrete Lösungsideen gemeinsam mit den Mitarbeiter/innen zu suchen. Aber ist das nicht viel zu zeitaufwendig und ineffizient im Verhältnis zum Nutzen? Nein! Dieser Schritt lohnt sich aus unterschiedlichen Gründen:

Die Lösungen, die die Mitarbeiter/innen selbst entwickeln, werden im Anschluss viel häufiger auch durch die Kolleg/innen getragen und sogar weiterentwickelt. Zudem sind die Mitarbeiter/innen Expert/innen ihrer Arbeit. Niemand kann so gut wie sie einschätzen, ob eine Lösung Potential hat oder von vornherein zum Scheitern verurteilt ist. Außerdem ist Mitspracherecht bei Entscheidungen eine der wichtigsten Formen der Wertschätzung. Wer seinen Angestellten die Möglichkeit gibt, eigene Lösungen für Probleme zu finden, signalisiert: „Eure Meinung zählt! Die Geschäftsführung vertraut euch und euren Kenntnissen." Dazu gehört auch, selbst entscheiden zu dürfen, welche Probleme erste Priorität haben.

Ein gesamtes Team möglichst gut und regelmäßig zu informieren, ist schwierig. Je enger die Mitarbeiter/innen in den Prozess der Gesundheitsförderung eingebunden sind, desto besser sind sie informiert. Darüber hinaus verteilen sich so fast automatisch wichtige Informationen über informelle Wege an die Kolleg/innen.

Welche Ideen tatsächlich umgesetzt werden, wird in letzter Instanz immer durch die Geschäftsführung entschieden. Auch hier gilt jedoch, dass für alle klar sein sollte, warum eine Idee umgesetzt wird oder warum nicht. Erst dann sind Entscheidungen für beide Seiten, die Geschäftsführung und die Beschäftigten, nachvollziehbar.

Um in den Dialog zu treten, bieten sich unterschiedliche Methoden an (siehe auch Tabelle 4). Zwar verfolgen alle das gleiche Ziel: die Konkretisierung und Erarbeitung von Lösungsideen. Doch unterscheiden sie sich hinsichtlich des zeitlichen Aufwandes, der Nachhaltigkeit sowie der Anzahl der Teilnehmer/innen teils erheblich.

Der Gesundheitszirkel

Im Gesundheitszirkeln wird thematisiert, welche Stärken und Ressourcen, welche gesundheitlichen Belastungen und vor allem welche eigenen Vorschläge und Ideen zur Problemlösung vorhanden sind. Es geht darum, Veränderungen in der Arbeitsorganisation zu diskutieren und anzustoßen. Dabei sollen Schritt für Schritt klar abgegrenzte, selbst gewählte Themen bearbeitet und konstruktiv Lösungsvorschläge erarbeitet werden.

Eine besonders große Bedeutung hat bei diesem Vorgehen die Einbindung der Betroffenen. Der Gesundheitszirkel findet mit 6 bis 8 Mitarbeiter/innen auf freiwilliger Basis statt. Die Gruppenzusammensetzung orientiert sich dabei am Arbeitsauftrag. Es können gemischte Gruppen mit Mitgliedern aus verschiedenen Arbeitsbereichen, aber auch Gruppen mit Mitgliedern aus nur einem Arbeitsbereich gebildet werden. Die Anwesenheit der Geschäftsleitung oder der direkten Führungskraft ist nicht zu empfehlen, da dies die Ideenfindung der Teilnehmer/innen möglicherweise hemmt. Es wird ein Vorschlag erarbeitet und der Geschäftsleitung vorgelegt, über dessen Verwirklichung dann entschieden werden kann. Die Teilnehmer/innen des Gesundheitszirkels bestimmen die Themen und deren Reihenfolge. Gesundheitszirkel tagen in gleicher Zusammensetzung mehrmals hintereinander. Die Abstände zwischen den Sitzungen variieren zwischen wenigen Wochen bis zu einem Monat. Die Arbeitsergebnisse werden in einem Bericht schriftlich zusammengefasst und der Geschäftsführung bzw. einem Steuergremium präsentiert.

Der Dialogworkshop

Der Dialogworkshop wird als Kurzvariante des Gesundheitszirkels verwendet. Es werden auch hier die Ergebnisse der Analysephase präsentiert. Die Anwesenden erhalten dann die Möglichkeit, eigene Inhalte zu ergänzen, zu diskutieren, zu konkretisieren und ggf. Themen für die Weiterarbeit zu identifizieren. Dieses Vorgehen wird mit dem Ziel ausgewählt, die Mitarbeiter/innen stärker einzubinden und somit aktiv werden zu lassen. Die Beschäftigten können durch ihre sehr alltagsnahe Sicht Prioritäten setzen und auch erste Lösungsvorschläge unterbreiten. Auch hier sollten sich die Beschäftigten ohne Führungskräfte austauschen. Der Dialogworkshop findet mit 8 bis 12 Mitarbeiter/innen (meist) einmalig für zwei bis drei Stunden statt. Der Dialog wird extern moderiert und es findet zunächst ein Austausch über die Ergebnisse statt. Im Verlauf der Diskussion können Ergänzungen vorgenommen und Prioritäten der Belegschaft erfragt werden. Die Zusammensetzung sollte auch homogen sein.

Die Fokusgruppe

Ein sehr zielgerichtetes und effizientes Vorgehen ist die Arbeit in Fokusgruppen. Die Mitarbeiter/innen können hier ihre Alltagserfahrungen und Meinungen zu einem klar umrissenen Thema äußern. Auch Fokusgruppen werden bestenfalls extern moderiert. Dadurch können in kurzer Zeit unterschiedliche Seiten und Sichtweisen eines Themas beleuchtet werden. Auf diesem Wege wird den Teilnehmenden die Chance eröffnet, Einfluss auf gesundheitsrelevante Arbeitsfaktoren zu nehmen. Insbesondere können gesundheitliche Belastungen und Ressourcen sowie die Dringlichkeit von Veränderungen identifiziert werden. Fokusgruppen tagen in der Regel nur einmal, eine Sitzung dauert etwa drei Stunden. Auf freiwilliger Basis wird eine

Gruppe aus 6 bis 12 Mitarbeiter/innen zusammengestellt. Am Schluss der Sitzungen werden mit den Teilnehmer/innen Vereinbarungen darüber getroffen, welche Ergebnisse dokumentiert und dem Steuergremium bzw. der Geschäftsführung berichtet werden. Beispielhafte Ergebnisse einer Fokusgruppe finden sich in Tabelle 5.

Heranfüh-rung an das Thema	Wichtig ist den Mitarbeiter/innen vor allem gegenseitiges Vertrauen, ein fairer Umgang miteinander und eine gerechte Arbeitsverteilung.
Situations- und Prob-lembeschrei-bung	Die Mitarbeiter/innen schätzen vor allem die persönliche Ebene und Kollegialität als Ressource ein und sehen die vielen unterschiedlichen Fähigkeiten des Teams als Stärke und Chance. Als einen wesentlichen Teil der Belastung erlebt die Fokusgruppe die ungleiche Behandlung von Teammitgliedern durch die Vorgesetzten.
Bestimmen der Ursachen	Ein erkennbares Problem stellt die ungleiche Informationsverteilung dar. Dass sich das individuelle Arbeitsvolumen der Teammitglieder stark unterscheidet und nicht den Fähigkeiten entsprechend verteilt ist, sorgt für schlechte Stimmung.
Ableiten von Lösungsmög-lichkeiten	Veränderungen im Kommunikationsverhalten der Vorgesetzten. Arbeits- und Organisationsstrukturen sollen überdacht werden. Informationen rechtzeitig per E-Mail an alle Teammitglieder, was für Informationsgleichheit sorgt. Dialog über faire und fähigkeitsorientierte Arbeitsverteilung.
Weitere Pla-nung	Seminar: Achtsame Kommunikation im Team Gemeinsamer Ausflug Supervision/kollegiale Beratung Im Dialog bleiben

Tabelle 5: Beispielergebnisse einer Fokusgruppe zum Thema Teamklima

Der interaktive Marktplatz Gesundheit

Der „Marktplatz Gesundheit", im Folgenden kurz Marktplatz genannt, ist eine Methode, welche sich insbesondere für Betriebe anbietet, die dezentral organisiert sind, d. h. nicht immer zusammen an einem Standort arbeiten. Dies betrifft meist Betriebe, deren Mitarbeiter/innen z. B. in Filialen, Reinigungsobjekten oder Baustellen organisiert sind, oder Unternehmen, in denen Außendienstmitarbeiter/innen einen großen Teil der Belegschaft ausmachen. Genau diese Gruppe von Mitarbeiter/innen zu versammeln und über das Thema Gesundheit zu diskutieren, kann sich zum Teil schwierig gestalten. Insbesondere, da es das Ziel ist, möglichst Repräsentanten aus unterschiedlichen Bereichen eines Betriebes an einen Tisch zu bringen, z. B. das Personal aller 20 Filialen einer Bäckereikette. Die Themen des Marktplatzes sind meist solche, die im Rahmen einer vorherigen Befragung als belastend herausgestellt wurden. Die Mitarbeiter/innen können zu diesen Themen nun ihre eigenen konkreten Belastungen, Wünsche, Ideen und Mitwirkungsangebote einbringen. Die Teilnehmer/innen werden für ein bestimmtes Thema sensibilisiert, darüber informiert und somit an einen Prozess (z. B. BGM) herangeführt. Zu den ausgewählten Themen werden Pinnwände mit tiefergreifenden Fragen zur konkreten Problembeschreibung vorbereitet. Ziel ist es, Problemthemen herauszufiltern, zu beschreiben und zu diskutieren sowie erste Lösungsvorschläge zur Vorlage an die Führungskräfte zu erarbeiten. Das Marktplatzkonzept ist eine inhaltlich sehr offene und motivierende Methode. In der Regel wird (abhängig von der Größe der Teilnehmerzahl) für einen interaktiven Marktplatz ein halber Tag eingeplant.

Die Durchführung eines Marktplatzes bietet sich ab einer Teilnehmeranzahl von 25 Personen an. In kleineren Betrieben kann somit auch die gesamte Belegschaft in den Prozess eingebunden werden.

Darüber hinaus ist es schwierig, einen Veränderungsprozess in einem Betrieb, in dem nicht alle Mitarbeiter/innen an einer Stelle zusammenarbeiten, bekannt zu machen. Häufig gibt es Fälle, in denen die Beschäftigten einer Filiale, die nicht im Rahmen eines Gesundheitszirkels oder eines Dialogworkshops vertreten waren, überhaupt nicht über den Einstieg des Betriebes ins BGM informiert sind. Die entsprechenden Mitarbeiter/innen haben schnell das Gefühl, gar nicht berücksichtigt worden zu sein. In diesem

Fall bietet der Marktplatz eine gute Möglichkeit, eine große Anzahl der Kolleg/innen zu erreichen, von Beginn an in den BGM-Prozess einzubinden, Ängste zu nehmen und den internen Austausch, auch über BGM, zu fördern.

Bereits zu Beginn ist genau zu überlegen, wofür die Ergebnisse im Anschluss genutzt werden. Welche Schlüsse kann der Betrieb daraus ziehen? Wer bekommt eine Rückmeldung und wer bearbeitet evtl. aufgedeckte Belastungen? Einen Überblick über die wichtigsten Eckdaten der vorgestellten Methoden finden Sie in Tabelle 6.

	Gesundheits-zirkel	Dialog-workshop	Fokus-gruppe	Marktplatz Gesundheit
Anzahl TN	6-8 Personen	8-12 Personen	8-12 Personen	ab 25 Personen
Zeitumfang	Mehrmals 2-3 Stunden mit den gleichen Personen	Einmalig 2-3 Stunden	Pro Thema Einmalig 2-3 Stunden	Einmalig
Inhalte	Mehrere Belastungen der Analyse Ergründung von Ursachen und Erarbeitung von Lösungsideen	Ergänzung und erste Diskussion der Belastungen der Analyse	Betrachtung von Ursachen und Lösungsideen eines spezifischen Themas	Konkretisierung und Erarbeitung von Lösungsideen zu den wesentlichen Belastungen

Tabelle 6: Die gängigsten Methoden im Überblick

3.2.4 Die Umsetzung konkreter Maßnahmen und Veränderungen

Um die passenden Maßnahmen bzw. Veränderungen für das Unternehmen oder die jeweilige Abteilung herauszufinden, sind die vorherigen Schritte der Analyse und des Dialogs von großer Bedeutung. Die in der Analyse gewonnenen Erkenntnisse über die Arbeitssituation, die gesundheitliche Lage oder mögliche Probleme dienen als Grundlage, um zielgerichtet Aktionen zu entwickeln. Diese Aktionen stellen Maßnahmen dar, die zum einen auf eine Veränderung der Verhältnisse abzielen können und somit beispielsweise Arbeitsplätze, -aufgaben, -bedingungen und Organisationsformen in den Vordergrund stellen, zum anderen aber auch auf ein verändertes Gesundheitsverhalten der Mitarbeiter/innen abzielen.

Ziel der Interventionen ist es, die aufgedeckten Potentiale zu bearbeiten, nach Möglichkeit die Arbeitsbedingungen gesundheitsförderlicher zu gestalten und sowohl das Wohlbefinden als auch die Arbeitszufriedenheit zu steigern.

Ausgangsüberlegungen

Bei der Planung von Maßnahmen sind folgende Fragen zu berücksichtigen:

- Liegt der Grund der Belastung in den Bedingungen? Lassen sich diese ändern? Wenn dies nicht der Fall ist:
- Können die Beschäftigten so gestärkt werden, dass ein besserer Umgang mit den schwierigen Bedingungen möglich ist?
- Welche Maßnahmen eignen sich für die Probleme am besten?
- In welchen Bereichen soll die Maßnahme stattfinden? (Einzelne z. B. besonders belastete Gruppen oder Arbeitsplätze – oder im gesamten Betrieb)
- Was sind geeignete Formate für die jeweilige Intervention? Eignet sich ein Vortrag, um Wissen zu
  vermitteln, oder ist bspw. ein Workshop zum Erarbeiten gemeinsamer Veränderungen hilfreicher?
- Wie erreiche ich meine Mitarbeiter/innen am besten? Welchen Titel wähle ich?

- Freiwilligkeit: Die Teilnahme an gesundheitsfördernden Maßnahmen sollte grundsätzlich freiwillig sein. Das stellt die Akteure in der Intervention häufig vor das Problem, dass besonders die ohnehin schon interessierten Mitarbeiter/innen gesundheitsfördernde Maßnahmen in Anspruch nehmen. Es ist also notwendig, das Projekt und die Intervention betriebsweit gut zu kommunizieren und zu erklären. Besonders hilfreich bei der Kommunikation im Vorfeld ist ein aussagekräftiger, die Zielgruppe ansprechender Titel: Robust durch stressige Zeiten oder Stress lass nach! Was spricht Ihre Beschäftigten eher an?

Mögliche Themen und Formate

Häufig wird die Veränderung der Arbeitssituation und -bedingungen im Rahmen von Gesundheitszirkeln, Fokusgruppen oder Workshops im Rahmen der Dialogphase angestoßen. Typische Themen und die Formate, in denen sie umgesetzt werden, finden sich in nachfolgender Übersicht.

Themen und Formate zur Verbesserung der Arbeitsverhältnisse

Themen	Methoden
- Arbeitszeit und Pausenregelung	- Kollegiale Beratung
- Abwechslungsreiche Arbeitsaufgaben	- Arbeitsgruppen
- Handlungs- und Entscheidungsspielräume	- Fokusgruppen
- Informationsfluss	- Workshops
- Störungen/Unterbrechungen	- Ergonomieberatung
- Eindeutige Ziele	
- Arbeitspensum	
- Verbesserung der Arbeitsplatzergonomie	

Das Entwickeln bzw. Erweitern individueller, fachlicher, methodischer und sozialer Kompetenzen wird vor allem dann in Anspruch genommen, wenn Arbeitsbedingungen nicht veränderbar sind. Gleichzeitig ist nicht jede

Belastung der Beschäftigten an sich schon auf ungünstige Arbeitsbedingungen zurückzuführen. Auch dann muss geschaut werden, inwiefern die Mitarbeiter/innen in ihrem Umgang mit der Situation individuell gestärkt werden können. Typische Themen und Methoden sind hier aufgelistet:

Themen und Formate zur Stärkung von Personen

Themen	Methoden
- Kommunikation	- Seminare
- Selbstwirksamkeit	- Trainings
- Stressbewältigung	- Workshops
- systematisches Problemlösen	- Coaching
- Entspannung	- Kollegiale Fallberatung
- Selbstmanagement	- Ergonomieberatung
- Gesundes Führen	
- Rückengesundheit	
- Resilienz	

3.2.5 Den Erfolg durchgeführter Maßnahmen beurteilen

Um zu wissen, ob Maßnahmen und Projekte angemessen und erfolgreich sind, benötigen die Verantwortlichen eine aussagekräftige Rückmeldung. Nur wenn man einschätzen kann, ob und wie die Maßnahmen angenommen wurden und inwiefern Veränderungen erkennbar sind, lässt sich bewerten, ob sie erfolgreich waren. Vielleicht stellt sich dann auch heraus, dass es einer Überarbeitung, Weiterentwicklung oder Anpassung der Maßnahmen bedarf. Letztlich ist eine Evaluation auch aus dem Grunde sinnvoll, dass man nachvollziehen kann, ob sich der finanzielle Aufwand gelohnt hat. Es lässt sich auch herausstellen, welche Maßnahmen besonders gut gelaufen sind und welche man unter Umständen einstellen sollte. Die Evaluation dient somit auch als Grundlage für zukünftige Entscheidungen und hilft dabei, vorhandene Ressourcen sinnvoll einzusetzen.

Nutzen und Funktion von Evaluation im Überblick:

Bewertung der Maßnahmen ⎫ →Rechtfertigung
Rückschlüsse auf Wirksamkeit ⎭ →Vergleich von Maßnahmen
Weiterentwicklung einzelner Maßnahmen
Bewertung des Ressourcenaufwandes →Kosten-Nutzen-Auswertung
Grundlage für weitere Entscheidungsfindung→strategieunterstützend

Im Gesundheitszirkel der Kita Pusteblume wurde die Idee geboren, dass für einen besseren Austausch unter den Kolleg/innen ein Gesprächsregelwerk für die Dienstberatungen und letztlich für den gesamten Arbeitsalltag entworfen werden sollte. Gesagt, getan! Im Rahmen eines Teamtages wurden mit der Unterstützung durch professionelle Berater/innen in Kleingruppen zunächst die wesentlichen Gesprächsregeln erarbeitet, anschließend zusammengetragen und gemeinsam verabschiedet. Innerhalb der kommenden drei Dienstberatungen sollte nun überprüft werden, ob die Regeln praxistauglich sind. Dafür wurden Regelwächter aus dem Team ausgewählt, welche in den Dienstberatungen besonders darauf achteten, ob die Regeln eingehalten wurden. Dies wurde ebenso dokumentiert wie Regelverstöße. Nach drei Monaten konnte Bilanz gezogen werden. Die wesentlichen Regeln konnten im Alltag Einzug halten. Einige musste angepasst oder ganz gestrichen werden. Da der Ton jedoch noch immer recht rau war, v. a. in Stresssituationen, wünschten sich die Beschäftigten einen weiteren Teamtag zum Thema „Achtsame Kommunikation".

Methoden der Evaluation

Woran erkennen wir, dass es funktioniert? Und wie können wir es messen? Wir stellen nun einige Evaluationsmethoden und vor allem -instrumente vor, die leicht umzusetzen und auszuwerten sind.

Eine sehr gute Möglichkeit, Wirkungen und Veränderungen zu erfassen, ist die sogenannte Wiederholungsbefragung. Dabei werden, soweit es möglich ist, die gleichen Instrumente wie in der Analysephase eingesetzt, wie z. B. schriftliche oder mündliche Fragen. Die Ergebnisse können in einem Vorher-Nachher-Vergleich gegenübergestellt werden. Aber auch fortlaufende Instrumente können wichtige Aufschlüsse über den Prozess und dessen Erfolg liefern.

Grundsätzlich gilt: Es sollte alles genutzt werden, was bei der Beantwortung der Fragen hilft:

- Augen und Ohren (permanente Beobachtung und Wahrnehmung von Veränderung),
- TN-Feedbackbogen,
- Nachbefragung (schriftlich oder persönlich),
- Abschlussworkshop,
- Fortlaufende Dokumentation des Vorgehens,
- Statistik (Krankenstand, Umsatz, Leistungskennziffern),
- Ein Abschlussbericht sorgt dafür, dass die Arbeitsergebnisse verfügbar bleiben und informiert alle

Beteiligten (wie z. B. auch Krankenkassen).

Berücksichtigt man bei der Evaluation verschiedene Ebenen, können Wirkungen viel umfassender und vollständiger erfasst werden. Donald Kirkpatrick (1998) beschreibt in seinem Modell vier Ebenen, die in Abbildung 7 näher erläutert werden.

Es muss nicht für jedes Teilziel auf jeder Ebene ein Instrument eingesetzt werden. Um den eigenen Fokus zu erweitern und möglichst viele Wirkungsmöglichkeiten zu berücksichtigen, sollten sie dennoch bei der Planung im Hinterkopf behalten werden.

AKZEPTANZ

Hat es gefallen? Wie wurde es angenommen?

Hier wird zunächst beurteilt, wie die Maßnahmen von den Betroffenen überhaupt beurteilt wird.

Beispiel: Hohe Nachfrage und gute Bereitschaft mitzuwirken.

Instrument: TN-Listen, Fragen im TN-Feedback

LERNEN

Haben die Beteiligten etwas gelernt?

Es wird bewertet, ob Kenntnisse und Fähigkeiten bei den Akteuren zugenommen haben.

Beispiel: Wissensstand der Mitarbeiter/innen hat sich vergrößert.

Instrument: Erfragen

HANDELN

Wird das Gelernte verwendet bzw. spiegelt es sich im Verhalten wider?

Hier steht die Frage im Vordergrund, ob durch die Intervention auch konkrete Handlungen ausgelöst wurden.

Beispiel: Die Mitarbeiter/innen wenden jetzt neue Methoden bei der Arbeit an, machen Dinge anders als zuvor.

Instrument: Beobachtungsbögen, Selbsteinschätzung

WIRKUNG

Wurden gewünschte Ergebnisse erzielt?

Auf dieser Ebene bleibt zu klären, ob die ausgelösten Handlungen auch zu den erwünschten Wirkungen geführt haben.

Beispiel: Es wird mehr Arbeit in weniger Zeit geschafft.

Instrument: Erfassung des Belastungsempfindens im Fragebogen, Dokumentation der erledigten Arbeit

Abbildung 7: Kirkpatricks Ebenen

Um eine Evaluation gewinnbringend durchführen zu können, empfiehlt es sich, den folgenden Ablauf zu berücksichtigen.

Klärung der inhaltlichen Fragestellung	Was wollen wir evaluieren? – Die Einführung des BGM Wer kümmert sich darum? – Steuergremium, Gesundheitszirkel
Ableitung der Evaluationsfragen	War die Einführung des BGM erfolgreich? Teilziele formulieren, z. B.: Nach einem Jahr... ...sind Strukturen im Unternehmen geschaffen worden, die ein Fortbestehen des BGM unterstützen: Hierzu gehören z. B. Einführung eines Steuergremiums, regelmäßiger Austausch auf Führungsebene ...ist ein Durchgang erfolgt: Analyse, Dialog, Intervention, Evaluation sind gelaufen. ...sind die Mitarbeiter/innen über die Aktivitäten des BGM informiert und teilweise involviert. ...wird das Thema Gesundheit als wichtiges Thema im Unternehmen wahrgenommen. ...ist BGM ein Thema, das bei den Mitarbeiter/innen auf wohlwollendes Interesse stößt. Das Misstrauen ist abgebaut.

Planung des Vorgehens: Messinstrumente festlegen und planen	Wie können wir das erfassen, was wir wissen wollen? – Dokumentation, Protokolle, Befragungen (Nachbefragung), TN-Feedback, Abschlussworkshop, Abschlussbericht Welche Daten gewinnen wir zu welchem Zeitpunkt?
Datenerhebung und Auswertung	Strukturierter Auswertungsplan, Erstellen einer Eingabemaske und Organisation der Dateneingabe und Auswertung
Ergebnisrückmeldung und Berichterstattung	Durch die Auswertung und Zusammenfassung der gesammelten Daten und Dokumentationen haben Sie nun Entscheidungs- und Anpassungshilfen, die Ihnen bei einer erfolgreichen Fortführung des BGM helfen können.

Tabelle 7: Exemplarisches Vorgehen bei der Evaluation

3.3 Betriebsinterne Kommunikation

Frau Heinrich, die aktuell in ihrem kleinen familiengeführten Hotel einen BGM-Prozess durchläuft, berichtet stolz davon, dass sie den Rat der externen Gesundheitsberaterin berücksichtigt und ihren Mitarbeiter/innen mitgeteilt hat, dass für ein besseres Teamklima demnächst Teamentwicklungsmaßnahmen geplant sind. Allerdings fällt ihr auf, dass sich offenbar nur die jungen Mitarbeiterinnen dafür begeistern können. Bei den Herren und auch älteren Mitarbeiterinnen scheint das Thema noch gar nicht wirklich angekommen zu sein. „Normalerweise meckern die ja wenigstens, aber diesmal höre ich keinen Mucks", ärgert sie sich. Im Gespräch mit ihrer Gesundheitsberaterin fällt ihr auf, dass es möglicherweise an der Ansprache liegt, die sie gefunden hat, und möchte hier noch einmal neu planen, damit sie möglichst alle Mitarbeiter/innen mit in das Boot des gesunden Miteinanders holen kann.

3.3.1 Die Bedeutung von Kommunikation im BGM – ein Erfolgsfaktor!

„Wir alle kommunizieren doch den ganzen Tag!", ist ein häufiges Argument, wenn es darum geht, sich gezielt mit Kommunikation auseinanderzusetzen. Das ist zwar richtig, doch bemerken wir auch allzu oft, wie häufig Missverständnisse entstehen. Umso bedeutender ist es, bei Themen, die uns wichtig sind, möglichst die „richtige" Ansprache zu finden.

Kommunikation ist, um es mit Carl Rogers (2003) zu sagen, ein Prozess, in dem die Kommunikationspartner Informationen erzeugen und miteinander teilen, um ein gegenseitiges Verstehen aufzubauen. So viel zur Theorie! Schaut man sich die Kommunikation in der täglichen Arbeitspraxis an, zeigt sich, dass über Themen, die als wichtig empfunden werden, deutlich häufiger geredet wird. Dies lässt sich gezielt einsetzen, um BGM zu einem wichtigen Thema bei der Belegschaft werden zu lassen. Meist ist die Auseinandersetzung mit gesundem Arbeiten für die Beteiligten neu, zumindest wenn es über den „täglichen Apfel am Arbeitsplatz" hinausgeht. Daher ist der Austausch darüber, was die Umsetzung von BGM-Maßnahmen konkret für die eigene Arbeitstätigkeit bedeutet, entscheidend für das tatsächliche Gelingen. Dabei ist die Notwendigkeit von Kommunikation aber keine Einbahnstraße. Zwar müssen die BGM-Verantwortlichen den Mitarbeiter/innen Informationen weitergeben, zugleich sind sie aber auch darauf angewiesen, von ihnen Rückmeldungen zu erhalten. Z. B.in Bezug auf das, was sich in der praktischen Umsetzung als schwierig erweist, um sich dann gemeinsam über Lösungsideen austauschen zu können. Dies ist ganz entscheidend, damit Gesundheit nicht nur ein einmalig präsentes Thema im Betrieb ist, sondern dauerhaft in den Arbeitsprozessen berücksichtigt wird. Ziel der Kommunikation sollte sein, dass sich in Bezug auf die Bedeutung und den Umgang mit Gesundheit im Betrieb gemeinsame Vorstellungen entwickeln.

Einem stetigen und zielführenden Austausch zwischen BGM-Verantwortlichen und Mitarbeiter/innen kommt also eine entscheidende Rolle für das Gelingen von BGM zu. Nur so lässt sich erreichen, dass

- die BGM-Angebote und deren Ziele bekannt werden,
- das Wissen der Beschäftigten über Gesundheit und die Aktivitäten des Betriebes zur Gesundheitsförderung aufgebaut werden,
- zur aktiven Mitgestaltung und Nutzung der Angebote motiviert wird (Faller, 2017, S. 192).

Im gesamten BGM-Prozess ist die stetige Kommunikation mit den Mitarbeiter/innen eine Möglichkeit der gelebten Partizipation, die über das Gelingen entscheidet (siehe auch Kapitel 2.3.4). Beschäftigte sind in der Regel nicht daran interessiert, vorgefertigte Rezepte für ein gesundes Leben zu erhalten (vgl. Mag et al., 2009). Das kann mitunter so weit führen, dass gesundheitsfördernde Angebote offen oder verdeckt boykottiert werden. Vielmehr möchten Mitarbeiter/innen nach ihrer Meinung gefragt werden und auch erfahren, ob ihre Verbesserungswünsche berücksichtigt werden können oder nicht. Besonders dem Mitteilen dessen, was nicht umgesetzt werden kann, sollte Raum gewährt werden. Die manchmal beobachtbare Strategie des „Nicht-mehr-Erwähnens" von Anregungen, die nicht umsetzbar sind, führt eher zu Irritationen und Ärger auf Seiten der Beschäftigten, was sich negativ auf die zukünftige Beteiligung an Projekten auswirken kann. Der Grund dafür ist einfach: Werden Menschen nach ihren Wünschen und Bedürfnissen gefragt, löst das Erwartungen und Hoffnungen aus. Nun können Sie sich mal fragen, wie oft Sie Dinge vergessen, von denen Sie sich erhoffen, dass sie in Erfüllung gehen!

Im Blumenladen Veilchenschön wundert sich Gabi über ihre Kollegin Sabine. So wichtig schien ihr doch, dass sich der Umgang miteinander im Kollegium verbessert. Dafür wurde extra eine Fokusgruppe durchgeführt und anschließend in einem Workshop gemeinsame Regeln für ein besseres Miteinander erarbeitet. Nun scheint Sabine aber diejenige zu sein, die sich dem Ganzen gar nicht mehr verbunden fühlt und eher lustlos und mürrisch mit den anderen umgeht. So kann das gesündere Miteinander doch gar nicht gelingen! Als Gabi ihre Kollegin auf das Verhalten anspricht, reagiert diese ungehalten: „Die wertschätzende Kommunikation miteinander bringt mich auch nicht weiter, wenn es um meine Vereinbarkeit von Arbeit und Familie geht! Auch das war ja öfter Thema im Steuerkreis, nur hat man davon nichts mehr gehört. Naja, wahrscheinlich ist dieses Eisen dem Chef mal wieder zu heiß, um es anzufassen. Da müsste er sich ja mal positionieren! Er hätte ja wenigstens mitteilen können, wenn er doch nicht vorhat, das Thema anzugehen."

Anhand des Beispiels lässt sich erahnen, warum die gelebte und transparente Kommunikation in beide Richtungen entscheidend ist. Sie beugt nicht nur Frustrationen vor, sondern fördert auch die Verbundenheit gegenüber den geplanten Maßnahmen. Zugleich erhöht sich die aktive Teilnahme von Mitarbeiter/innen, wenn sie nicht nur einseitig mit Informationen überflutet werden. Beschränkt sich die Kommunikation auf Aushänge, führt das erfahrungsgemäß zu wenig Teilnahmemotivation. Wenn aber die BGM-Beteiligten, zusätzlich zu ansprechend gestalteten Aushängen, über ihre Erfolgserlebnisse oder auch kritische Erfahrungen berichten, wird BGM im Betrieb lebendig.

Die Frage, was genau mitgeteilt werden sollte, damit die Motivation, sich zu beteiligen, steigt, ist recht eindeutig zu beantworten: Für die Mitarbeiter/innen sollte deutlich werden, worin ihr Nutzen liegt, wenn sie die geplanten BGM-Maßnahmen umsetzen. Glauben sie, dass persönliche Bedürfnisse (sozial, emotional, funktional, ökonomisch oder prozessbezogen) erfüllt werden, erhöht dies die Idee des persönlichen Nutzens und somit ganz klar die Chance der aktiven Beteiligung (vgl. Homburg & Krohmer, 2006). Dabei ist jedoch zu berücksichtigen, dass für die meisten Menschen das Thema Gesundheit eher in ihrer privaten Verantwortung gesehen wird. Daher ist wichtig, in der Kommunikation behutsam vorzugehen (Uhle & Treier, 2015).

Auch im Umgang mit Widerständen, die häufig an Phänomenen wie Nichtbeteiligung, verdeckter oder offener Ablehnung erkennbar sind, ist Kommunikation ein wirkungsvolles Instrument. Wird die Belegschaft über alle Schritte informiert, seien sie auch noch so klein, verringert sich die Wahrscheinlichkeit von Ablehnung. Da die Mitarbeiter/innen nicht wissen, was auf sie zukommt, ist Vertrauen sehr wichtig, besonders wenn die Skepsis gegenüber den gesundheitsrelevanten Neuerungen groß ist. Und getreu dem Motto „Steter Tropfen höhlt den Stein" ist nicht die einmalige große Ankündigung entscheidend, sondern eine kontinuierliche und offene Information über all das, was im BGM-Prozess passiert.

3.3.2 Ein mögliches Vorgehen, um BGM erfolgreich zu kommunizieren

Bestimmen von Zielen und Inhalten – Was soll vermittelt werden?

In einem ersten Schritt hilft es, sich für die Planung der Kommunikationsmaßnahmen zu überlegen, welches Ziel verfolgt werden soll. Sollen die Mitarbeiter/innen primär informiert, sensibilisiert oder bereits zum Mitmachen motiviert werden? Z. B. können sowohl die Ziele, die mit der Einführung von BGM erreicht werden sollen, als auch die einzelnen Schritte und konkreten Vorgehensweisen für alle nachvollziehbar gemacht werden, selbstverständlich auch die Vorteile für die Mitarbeiter/innen. Hat man das Ziel vor Augen, fällt es leichter, das konkrete Vorgehen zu planen, weil man weiß, in welche Richtung man überhaupt gehen soll. Teilziele im Kommunikationsprozess können sein: Mitarbeiter/innen für das Thema Gesundheit zu sensibilisieren oder ihre Veränderungsbereitschaft zu erhöhen. Dementsprechend müssen dann die Inhalte ausgewählt werden.

Im Umzugsunternehmen „Hau-Ruck" wissen die Mitarbeiter/innen mittlerweile von den geplanten Maßnahmen des BGM und ihnen fällt auch immer öfter auf, an welchen Stellen ihre Tätigkeiten sie belasten. Allerdings zeigt sich das zunächst eher in einem intensiveren Austausch darüber: „Na, dass wir hier den ganzen Tag treppauf, treppab rennen mit 'ner Waschmaschine auf dem Buckel, kann ja auch nicht so gesund sein!", ruft Walter seinem Kollegen Henri beim Besteigen des Umzugswagens zu. Nun gilt es also, die Mitarbeiter/innen im nächsten Schritt zu motivieren, an den geplanten Maßnahmen zum ergonomischen Tragen teilzunehmen. Die Mitglieder des Steuerkreises Gesundheit haben dafür ein Plakat entworfen, mit dem sie ankündigen wollen, dass die nächste Teamsitzung für die Thematik genutzt wird. Ihr Ziel ist es, die Veränderungsbereitschaft der „Möbelpacker" zu erhöhen. Das Plakat mit der Überschrift „Ich muss bis mindestens 67 arbeiten – was muss ich tun, damit ich das auch gesundheitlich schaffe?" haben sie in der Kantine an das schwarze Brett gehängt, das schon seit Ewigkeiten nicht mehr genutzt wird und auf das ohnehin keiner schaut, um sich zu informieren. Allerdings kommen alle in die Kantine und es fällt auf, wenn dort an der kahlen Wand ein Plakat hängt.

Bestimmen der Zielgruppen für die Informationen – Wen sollen sie erreichen?

Eine Voraussetzung für die erfolgreiche Kommunikation von dem, was im BGM-Prozess geschieht, ist das Wissen um bestimmte Merkmale der Personengruppen, die Ihre Informationen verstehen sollen (Analyse der Zielgruppen, z. B. Tischler, Kauffrauen für Büromanagement o. ä.). Denn das ist entscheidend dafür, ob die angestrebten Botschaften tatsächlich beim Gegenüber ankommen oder ob sie sogleich „verpuffen". Daher ist elementar, zu ermitteln, welche Ansprache sich für die unterschiedlichen Zielgruppen in Ihrem Betrieb eignet. Denn: Dieselbe Information kann je nach Person bzw. Situation ganz unterschiedlich aufgenommen werden. Entscheidend ist zudem, alle Zielgruppen anzusprechen und zu vermeiden, dass schlechter erreichbare Mitarbeiter/innen außen vor bleiben.

Vielleicht fragen Sie sich nun, was so ein Merkmal sein kann, auf welches die Informationen zugeschnitten werden sollen? Beispielhaft soll hier auf das Merkmal der geschlechterspezifischen Kommunikation eingegangen werden: Wenn man sich vergegenwärtigt, dass es auch heute noch stark männer- und frauendominierte Berufe gibt (z. B. KFZ-Mechatroniker, Erzieherin), wird auch deutlich, dass geschlechtertypische Besonderheiten bei der Kommunikation von BGM-Prozessen ins Auge gefasst werden sollten.

So wird es in einem KFZ-Betrieb wenig von Erfolg gekrönt sein, wenn geplante Gesundheitsmaßnahmen hübsch verpackt in Blumenkörbchen an die Mitarbeiter/innen kommuniziert werden. Wohingegen dieses Vorgehen in einem Friseurbetrieb mit einem hohen Frauenanteil durchaus positive Emotionen, und somit die Motivation teilzuhaben, hervorrufen kann.

Was gilt es nun aber zu berücksichtigen in der Kommunikation mit den Zielgruppen Mann oder Frau, wenn man diese erfolgreich ins Boot der Gesundheit holen möchte?

Es gibt ganz unterschiedliche Merkmale, die tendenziell typisch für das Kommunikationsverhalten von Frauen und Männern sind: Männer kommunizieren eher fakten- und durchsetzungsorientiert, Frauen hingegen eher beziehungsorientiert (Allhoff & Allhoff, 2006). Zudem verhalten sich Frauen oft gesundheitsbewusster als Männer (Lademann & Kolip, 2005) und sind somit leichter erreichbar durch Gesundheits-Botschaften. In der Tendenz ist für die Ansprache von Männern wichtig zu berücksichtigen, dass sich diese nicht als „Verlierer" fühlen dürfen und sie die Ansprache mithilfe von Fakten bevorzugen. Frauen hingegen fühlen sich womöglich eher angesprochen durch eine Ansprache, die verbindende Elemente betont und bedient.

Zudem können Bilder aus dem typischen Arbeitsalltag einer Zielgruppe zum Einsatz kommen. Diese können als Brücke fungieren zwischen berufsspezifischer Denkart und den gesundheitsfördernden Maßnahmen (z. B. eine Schere und Farbe bei Friseuren als Symbol dafür, als Betrieb „alte Zöpfe abschneiden" zu wollen, im Sinne von: Wir tun jetzt etwas für unsere Gesundheit und wollen diese nicht mehr ignorieren!). Werden Fallbeispiele mit Personen beschrieben, die ähnliche Merkmale wie die Mitarbeiter/innen aufweisen, fördert das zudem die Identifikation mit den Maßnahmen.

Die Zielgruppe der Führungskräfte, Teamleiter/innen etc. auf den unterschiedlichen Ebenen benötigt ebenfalls speziell für sie aufbereitete Informationen. So sollte deutlich werden, dass es sich bei der Einführung von BGM um nachhaltige Veränderungsprozesse handelt, für die Ressourcen bereitgestellt werden müssen. Konkrete Umsetzungshinweise für die Motivation der Mitarbeiter/innen etc. erleichtern zudem den Transfer in den Arbeitsalltag (vgl. Uhle & Treier, 2015).

Generell gilt: Je mehr man die Sprache des Gegenübers spricht, desto größer sind die Chancen, dass die angestrebte Botschaft auch ankommt. Zum einen wird der Zugang zur Person erleichtert, und zum anderen wird das Zugehörigkeitsgefühl gestärkt. Diese beiden Faktoren wiederum erhöhen die Wahrscheinlichkeit, dass das Gehörte auch in die praktische Umsetzung geht. Natürlich gibt es keine Garantie, dass alle Mitarbeiter/innen die Informationen exakt so interpretieren wie geplant. Je besser man jedoch die Zielgruppe(n) und ihre Vorstellungen von Gesundheit kennt, desto größer ist die Wahrscheinlichkeit, die passende Ansprache zu finden.

Welche Informationskanäle können genutzt werden?

Wenn man sich den Weg für die Ansprache überlegt, können grundsätzlich drei Kommunikations-Möglichkeiten unterschieden werden:

- direkt und persönlich
- vermittelt durch gedruckte Medien
- vermittelt durch E-Mail, Internet oder Intranet

Da die Informationen zum BGM-Prozess von den Mitarbeiter/innen zusätzlich zu allen Informationen, die die eigene Arbeit betreffen, aufgenommen und verarbeitet werden müssen, ist es ratsam, möglichst ansprechende Formen der Berichterstattung zu wählen. Der Kreativität sind hierbei keine Grenzen gesetzt. Neben interessanten Bildern oder Slogans eignen sich für das Transportieren der Inhalte z. B. Interviews mit Mitarbeiter/innen, Gesundheitstipps, Gesundheitsrätsel und vieles mehr.

Wenn es um die Auswahl der konkreten Kommunikationskanäle geht, kann zum einen auf bereits bestehende zurückgegriffen werden. Zum anderen kann hilfreich sein, neue Kanäle zu nutzen, weil diese eher die Aufmerksamkeit der Mitarbeiter/innen auf sich ziehen als bereits bekannte Wege, wie z. B. das schwarze Brett. Natürlich kann auch dieses genutzt werden, vielleicht ergänzt durch die Möglichkeit, eigene Meinungen abzugeben. Dafür würde sich eine Art Briefkasten neben dem schwarzen Brett eignen, in dem Anregungen und Kritik hinterlassen werden können.

Eine innovative Idee kann z. B. der Zugang zu aktuellen Informationen über einen QR-Code sein, der an häufig frequentierten Stellen im Betrieb angebracht wird und allen Beschäftigten mithilfe ihres Handys Zugang gewährt.

Besonders in kleinen und mittelständischen Betrieben kann es zudem hilfreich sein, einen Ansprechpartner für die Fragen der Mitarbeiter/innen zu bestimmen. Auf Seiten der Belegschaft können über den persönlichen Austausch Hemmungen und Vorurteile abgebaut werden. Zugleich ergibt sich der Vorteil, dass das Unternehmen durch die thematisierten Fragen zugleich einen Einblick erhält, wo in der Kommunikation vielleicht noch Anpassungsbedarf besteht und ob der aktuell beschrittene Weg tatsächlich zum Ziel führt. Zudem verfolgt die interne Kommunikation der BGM-Maßnahmen ja das explizite Ziel, die Belegschaft davon zu überzeugen, mehr Positives für die eigene Gesundheit zu tun. Motivationsarbeit funktioniert rein medial jedoch nur bedingt. Viel leichter kann man Menschen mithilfe des persönlichen Austauschs „ins Boot holen", da Verhaltensänderungen oftmals durch das soziale Umfeld beeinflusst werden (in diesem Fall Kolleg/innen und Führungskräfte). Berichtet also ein Kollege häufiger von der Laufgruppe, die im Betrieb eingeführt wurde, und wie gut ihm das Mitlaufen tut, so kann das die übrige Belegschaft zur Teilnahme motivieren. Und praktiziert der Chef nach einem Kommunikationstraining häufiger wertschätzende Rückmeldungen und verlangt nicht nur von den Mitarbeiter/innen, sie sollten sich doch untereinander nicht so „anschnauzen", so beeinflusst dies auch den Umgang untereinander.

Welches WIE in der Kommunikation setzt sich durch?

„Wenn du Menschen ändern möchtest, musst du ihr Herz und ihren Kopf gewinnen!" (Kotter, 2011). Wenn über Neuerungen im Betrieb gesprochen wird, dominiert häufig die sachliche Ebene. Es werden viele Argumente geliefert, die für die Umsetzung werben sollen. Das ist auch gut so – allerdings nur, wenn die Fakten kombiniert werden mit einer Ansprache, von der die Menschen sich auch emotional angesprochen fühlen. „Emotional angesprochen" meint dabei: Freude empfinden, sich verstanden fühlen oder dergleichen. Denken Sie an die Werbung, auch diese spricht unsere Emotionen – und sie wirkt! Wie oft haben wir Werbeslogans im Kopf oder entscheiden uns doch für ein neues Produkt. Natürlich wäre eine rein emotionale Ansprache im betrieblichen Kontext unangemessen! Wie so oft im Leben macht es eine gesunde Mischung aus beidem – sachliche und emotionale Ebene wollen angesprochen sein, wenn es darum geht, die Mitarbeiter/innen für das BGM zu begeistern. Das gelingt, wenn man glaubwürdige und verlässliche Informationen mithilfe von persönlichen Erfahrungen oder verpackt in Metaphern und Bildern kommuniziert. Metaphern und Geschichten liefern sozusagen „die emotionale Verpackung", um wichtige Informationen an den Mann oder an die Frau zu bringen (vgl. Uhle & Treier, 2015).

Zum Schluss...

Lassen Sie sich nicht entmutigen, wenn nicht sofort alle Mitarbeiter/innen begeistert in ihr BGM-Boot einsteigen wollen. Ein hilfreicher Trick kann sein, das „Kind" nicht direkt bei seinem etwas sperrig anmutenden Namen „BGM" zu nennen, sondern ein Oberthema zu wählen, mit dem sich die Beschäftigten identifizieren können (z. B. „Wir wollen gesünder arbeiten!"). Zudem ist anfangs eine geringere Teilnahmequote von 15 bis 20 % durchaus realistisch. Mitarbeiter/innen, die mit gutem Beispiel vorangehen und auf informellem Wege über die Erfolge des BGM im eigenen Betrieb berichten, sind eine nachhaltige und überzeugende Informationsquelle. Nutzen Sie also auch den Flurfunk für die positiven Zwecke! Das senkt den Aufwand für die Aktivierung der Mitarbeiter/innen deutlich (vgl. Uhle & Treier, 2015).

4. BGM in kleinen und mittleren Unternehmen (KMU)

Die Präsenz gesundheitsfördernder Aktivitäten in Großunternehmen lässt vermuten, dass BGM im betrieblichen Alltag angekommen ist. Führt man sich aber vor Augen, dass nach Angaben des Statistischen Bundesamtes (2014) bis zu 61 % der Erwerbstätigen in kleinen und mittleren Unternehmen (KMU; Klassifizierung siehe Tabelle 8) beschäftigt sind und KMU über 99,3 % der deutschen Unternehmen stellen, muss man feststellen, dass die Mehrheit der Beschäftigten noch nicht von Maßnahmen der Gesundheitsförderung profitiert. Bleiben Beschäftigte in KMU – als Motor der deutschen Wirtschaft – gesundheitlich auf der Strecke?

Typ	N Beschäftigte	und Umsatz €/Jahr	oder Bilanz-summe €/Jahr
kleinst	1 – 9	unter 2 Mio.	unter 2 Mio.
klein	10 – 49	unter 10 Mio.	unter 10 Mio.
mittel	50 – 249	unter 50 Mio.	unter 43 Mio.

Tabelle 8: Definition der Betriebsgrößenklassen durch die Europäische Kommission (2003)[2]

In Anbetracht zukünftiger Herausforderungen, wie der Bewältigung des demografischen Wandels, der längeren Lebensarbeitszeit, des Fachkräftemangels und des zunehmenden Konkurrenzdrucks ist die Förderung der Mitarbeitergesundheit in KMU von existenzieller Bedeutung.

---

[2] In Anlehnung an die Empfehlungen der Kommission vom 6. Mai 2003 betreffend die Definition von Kleinstunternehmen sowie der kleinen und mittleren Unternehmen (Amtsblatt der EU Nr. L 124, S. 36).

Gerade in Klein(st)unternehmen, in denen Beschäftigte noch enger miteinander arbeiten und aufeinander angewiesen sind, können krankheitsbedingte Ausfälle nur schwer oder gar nicht kompensiert werden und sich schnell
negativ auf das Betriebsergebnis auswirken. Je nach Unternehmensgröße
kann auch die Existenz des Unternehmens bedroht sein.

Die Notwendigkeit und der Nutzen, sich um die Gesundheit und Beschäftigungsfähigkeit der Mitarbeiter/innen zu bemühen, liegt auf der Hand. Gesundheit und Arbeitszufriedenheit sind wichtige Säulen des kleinunterneh-
merischen Erfolges. Insbesondere in körperlich belastenden Berufen mit hoher Anzahl an Frühberentungen kann BGM Beschäftigten eine längere Ver-
weildauer bei guter Gesundheit im Beruf ermöglichen. Gesunde, motivierte
Mitarbeiter/innen können neuen Herausforderungen innovativer und flexibler begegnen und sichern das Fachwissen im Unternehmen. Investitionen in
die Gesundheit und den Erhalt der Beschäftigungsfähigkeit der Mitarbei-
ter/innen sind daher Investitionen in die Konkurrenz- und Zukunftsfähigkeit
des Unternehmens.

4.1 Die Ausgangslage für BGM – erschwerte Bedingungen?!

Die Rahmenbedingungen für die erfolgreiche Umsetzung des BGM sind in
KMU andere als in Großunternehmen. In KMU fehlen oft die Ressourcen,
um sich mit betrieblicher Gesundheitsförderung oder gar mit BGM als inte-
griertes Konzept zu beschäftigen und die Gesundheit der Beschäftigten
nachhaltig zu verbessern. Was in Großunternehmen bereits weitgehend etabliert scheint, steckt in den meisten KMU noch in den Anfängen. Dabei ist
man sich auch hier der Notwendigkeit, sich um das Thema Gesundheit zu
kümmern, zunehmend bewusst, denn der demografische Wandel ist längst
kein Zukunftsszenario mehr, sondern auch hier im betrieblichen Alltag angekommen. Hohe Krankenstände und lange Ausfallzeiten aufgrund der Zu-
nahme psychischer Erkrankungen und Erkrankungen des Bewegungsappara-
tes haben gerade in den KMU eine durchschlagende Wirkung. Dennoch
zeigt sich immer wieder: Klein- und Mittelunternehmer haben Vorbehalte,
was die Einführung des BGM angeht – es ist noch immer viel Überzeu-
gungsarbeit zu leisten, um die Hemmungen und Widerstände zu überwin-

den, mit denen Klein- und Mittelunternehmer gesundheitsfördernden Aktivitäten begegnen.

Die Hauptmotivation von KMU, sich mit gesundheitsbezogenen Themen zu beschäftigen, findet sich in den gesetzlichen Verpflichtungen des Arbeitsschutzes und der Arbeitssicherheit – bestenfalls auch in der seit 2004 bestehenden Verpflichtung zur Durchführung des Betrieblichen Eingliederungsmanagements gem. § 84 Abs. 2 SGB IX. Ob und wie man sich im Unternehmen darüber hinaus für die Gesundheit engagiert oder aber das Gesundheitsverhalten der Beschäftigten als Privatsache betrachtet, ist eine Frage, der sich Unternehmer noch nicht selbstverständlich stellen. Wird hier einfach weggesehen? Mitnichten! Viele Unternehmer fühlen sich für die Gesundheit ihrer Beschäftigten mitverantwortlich, auch über den gesetzlich festgeschriebenen Verantwortungsbereich hinaus. Für die Zurückhaltung und Widerstände der Klein- und Mittelunternehmer, sich an die Einführung eines integrierten BGM oder auch zunächst nur an einzelne Maßnahmen betrieblicher Gesundheitsförderung zu wagen, existieren diverse Gründe, die nachfolgend dargestellt werden.

4.2 Welche Hindernisse für BGM sind zu überwinden?

Es herrscht ein Ressourcendefizit

Die betriebliche Realität in KMU unterscheidet sich strukturell erheblich von denen der Großunternehmen. KMU haben mit Ressourcenknappheit zu kämpfen, sowohl in finanzieller, als auch in personeller und damit auch in zeitlicher Hinsicht. Sich im laufenden Alltagsgeschäft einem weiteren Projekt zu widmen und hierfür Ressourcen bereitzustellen, hat oft keine Priorität.

Kurzfristige Planungshorizonte im Betrieb vs. Langzeitperspektive im BGM

Hinzu kommt, dass die langfristige Perspektive des BGM mit dem Anspruch an Nachhaltigkeit nicht so recht zu der betrieblichen Realität von KMU mit kurzfristigen und von äußeren Einflüssen abhängigen Planungshorizonten passen will. Hier orientiert man sich an schnellen, sichtbaren Erfolgen, die

Existenzsicherung steht im Vordergrund. Investitionen in langfristige Gewinne, wie sie durch ein BGM ermöglicht werden, stehen dahinter zurück. Für das BGM bedeutet dies, dass KMU eher auf punktuelle, zeitlich befristete und kalkulierbare Maßnahmen setzen und langfristige Verbindlichkeiten vermeiden.

Unbekannter Nutzen des BGM

Viele Unternehmer hinterfragen den Nutzen des Engagements in BGM. Gefühlt steht dem anfänglichen Kosteneinsatz zunächst ein kurzfristig nicht greifbarer Nutzen gegenüber. Der Erfolg des BGM zeigt sich mittel- und langfristig, lässt sich dann aber sogar mithilfe von Kennzahlen belegen. Mit dem Fokus auf das Alltagsgeschäft und kurzfristige Planungen fällt es Unternehmen oft schwer, sich im BGM auf einen Langstreckenlauf zu begeben.

Der konkrete Bedarf ist unbekannt

Der konkrete Bedarf an Gesundheitsförderungsmaßnahmen ist in vielen Unternehmen unbekannt. Gerade dann, wenn andere Themen drücken, wird dem Thema BGM keine vorrangige Bedeutung zugesprochen. Doch wenn sich das Thema Gesundheit in den Vordergrund drängt, ist es für präventives Handeln zu spät. Ein rechtzeitiges Analysieren der betriebsspezifischen Belastungen ist hier dringend erforderlich, um sich frühzeitig bewusst mit den Schwachstellen des Unternehmens bzw. der Belegschaft zu befassen. Sind diese Schwachstellen nicht bekannt, helfen Beschäftigtenbefragungen, Gesundheitszirkel und Arbeitsplatzanalysen weiter.

Die Initiatoren und Antreiber fehlen

Auch die weniger formalen Organisationsstrukturen von KMU erschweren den Einstieg in das Gesundheitsmanagement. Betriebliche Gesundheit ist in KMU nicht arbeitsteilig organisiert, sondern unmittelbar in den Arbeitsalltag eingebunden. Eigenständige Bereiche des Personal- und Gesundheitsmanagements existieren nicht, auch Arbeitnehmervertretungen und Betriebsärzte – häufig Initiatoren oder Fürsprecher gesundheitsförderlicher Aktivitäten – sind seltener vorhanden. Diese Strukturen bringen es mit sich, dass die Organisation gesundheitsförderlicher Maßnahmen in KMU nicht in der Verantwortung einer/s Einzelnen oder verantwortlicher Gremien liegt, sondern neben den sonstigen Aufgaben arbeitsteilig von allen Beschäftigten bewältigt werden muss. Erfolgreiches BGM aber benötigt das persönliche Engagement einer antreibenden Person, häufig der Geschäftsführung, der/s Personalverantwortlichen oder einer/s Betriebsärztin/Betriebsarztes. BGM lebt von Begeisterung, Überzeugungskraft und kontinuierlicher Aktivität. Wird diese Verantwortung aktiv übernommen und gehen die Verantwortlichen als Vorbild voran, lassen sich auch Beschäftigte inspirieren.

4.3 Wie kann der Einstieg in das BGM in KMU gelingen?

Die ursprünglich für Großunternehmen entwickelten Konzepte passen oft nicht zu den Strukturen der KMU. Hier bedarf es anderer Herangehensweisen, die den Entscheidern in der Regel nicht bekannt, aber doch vielfach erprobt sind.

Sich auf die Vorteile struktureller Besonderheiten besinnen!

Denn eines sollte nicht vergessen werden: Die strukturellen Besonderheiten von KMU bieten auch Chancen, die im BGM ergriffen werden können. So sind z. B. aufgrund flacher Hierarchien die Entscheidungswege wesentlich kürzer. Maßnahmen lassen sich viel unbürokratischer und schneller umsetzen. Auch die Experimentierfreude scheint in KMU größer zu sein, zudem kann viel direkter mit den Betroffenen kommuniziert werden. Man kommt schneller zu Ergebnissen, mit einfachen Maßnahmen kann schon viel bewirkt werden.

Ein Gießkannenrezept gibt es nicht!

Die Vorgehensweise im BGM muss auf die Betriebsgröße angepasst werden. Während das BGM in Großunternehmen sehr systematisch angegangen wird, benötigen KMU eine pragmatische Herangehensweise. Das gilt bereits in der Analysephase: Gerade in Klein(st)betrieben ist für den Einstieg eine Beschäftigtenbefragung nicht das Mittel der Wahl. Zu Beginn der Aktivitäten geht es hier viel stärker als in Großunternehmen darum, die Beschäftigten für das Gesundheitsmanagement zu gewinnen und einzubinden. Da die

Anonymität einer Befragung bei wenigen Beschäftigten nicht gewährleistet werden kann, muss eine Alternative gefunden werden. Hier kann beispielsweise über moderierte Gesundheitszirkel der Ist-Zustand viel schneller erhoben und so zu Maßnahmen und Erfolgen gefunden werden. Durch die Beteiligung der Betroffenen gleich zu Beginn werden alle mitgenommen. Die engen sozialen, meist familiären Strukturen der KMU ermöglichen häufig einen offenen, vertrauensvollen Austausch, der in Großunternehmen über viele vertrauensbildende Schritte erst mühsam erarbeitet werden muss.

Umsetzung ressourcenschonender Maßnahmen!

Viele KMU beginnen ihr Engagement für die Gesundheit mit ressourcenschonenden Einzelaktivitäten. Dies kann ein guter Einstieg sein, der umso zielgerichteter und erfolgreicher ist, wenn die Maßnahmen auf Grundlage einer vorherigen Analyse entwickelt werden. Anstatt irgendeine Maßnahme umzusetzen, sind die Ressourcen besser investiert, wenn sie für die richtige Maßnahme aufgewendet werden, mit der die betriebsspezifischen Probleme angegangen werden. Maßnahmen wie Gesundheitstage mit Eventcharakter oder individuelle Arbeitsplatzberatungen können ein ansprechender Auftakt sein. Weitere Maßnahmen müssen in erster Linie ressourcenschonend sein, d. h. kostengünstig und mit geringem Zeitaufwand umsetzbar. Gerade in Kleinunternehmen kommt eine Freistellung zur Inanspruchnahme von Schulungsangeboten während der Woche häufig nicht in Betracht. Eine gute Alternative sind Samstage (vormittags/ganztags), die jedoch als Arbeitszeit verrechnet werden sollten. Kooperationen mit anderen Kleinbetrieben, Sportvereinen und Fitnessstudios bieten eine weitere Alternative zu den in Großunternehmen eigenständig organisierten Kursen oder eingerichteten Studios.

An bestehende Strukturen andocken!

Die Einführung des BGM ist natürlich mit Investitionen verbunden – in finanzieller, personeller und zeitlicher Hinsicht. Der Ressourcenaufwand bleibt jedoch verhältnismäßig, sofern auf bestehende Strukturen aufgebaut und externe Unterstützung in Anspruch genommen wird. Arbeitsschutz und Arbeitssicherheit, aber auch das BEM bieten hier geeignete Anknüpfungspunkte. Sofern an betriebliche Routinen angedockt wird, ist die Aussicht auf Langlebigkeit des BGM viel günstiger.

Nicht im Alleingang handeln – Unterstützungsangebote nutzen!

Wichtig zu wissen: KMU können sich bei der Einführung des BGM durch die Sozialversicherungsträger – insbesondere die Kranken- und Unfallversicherungen sowie Berufsgenossenschaften – unterstützen lassen. Die Unkenntnis der Unterstützungsangebote und Fördermöglichkeiten hält noch immer zu viele Unternehmen davon ab, die Einführung des BGM in Betracht zu ziehen. Dabei ermöglicht die Kooperation mit BGM-erfahrenen Unterstützern eine ressourcenschonende Umsetzung.

Netzwerke und Kooperationen nutzen!

Gerade für kleinere Unternehmen kann es sinnvoll sein, Maßnahmen nicht im Alleingang zu planen, sondern sich mit anderen Betrieben – nicht einmal notwendigerweise der gleichen Branche – zusammenzuschließen. Unternehmenszentrierte Netzwerke werden regional oder auch überregional organisiert und durch überbetriebliche Organisationen getragen, die bereits eine andere wichtige Funktion für KMU wahrnehmen, beispielsweise Kammern, Innungen, Unfall- oder Krankenversicherungen oder Arbeitsschutzbehörden. Hier finden sich Unternehmen mit professioneller Begleitung zum Erfahrungsaustausch zusammen und können im kollegialen Austausch Inspiration und praktisches Umsetzungswissen erlangen. Fachliche Begleitung und methodische Unterstützung wird durch die Organisatoren der Netzwerke sichergestellt. Damit ist der Austausch in Netzwerken eine Antwort auf das Ressourcendefizit der KMU. Durch gemeinsame Durchführung von Einzelaktivitäten werden Ressourcen geschont und eine höhere Wirksamkeit der Maßnahmen erreicht. Beispielsweise können Angebote der Verhaltensprävention (Stressprävention, Raucherentwöhnungskurse, Rückenschule, Ernährungsschulungen) für Beschäftigte mehrerer KMUs gemeinschaftlich organisiert werden. Netzwerke simulieren somit großbetriebliche Strukturen, durch die das einzelne KMU handlungsfähiger wird. Durch den regelmäßigen Austausch wird das Thema weiterverfolgt und hat gute Aussichten auf nachhaltige Umsetzung. Beschäftigte im KMU müssen also keineswegs gesundheitlich auf der Strecke bleiben. Mit angepassten Konzepten und Unterstützung kann der Langstreckenlauf BGM erfolgreich zum Ziel gesunder und zufriedener Mitarbeiter/innen führen.

5. Besonderheiten im ländlichen Raum

5.1 Herausforderungen für BGM im ländlichen Raum

Die Verbreitung und Akzeptanz von BGM sinkt nicht nur mit der Unternehmensgröße, oft ist auch ein Stadt-Land-Gefälle zu verzeichnen. Da der ländliche Raum eher von KMU geprägt wird, bezieht sich vieles in diesem Kapitel eher auf die kleineren Unternehmen. Die Auftragsbücher sind auch im ländlichen Raum oft voll und Ausfall ohne dringenden Grund kann gegenüber Kunden meist nur schwer kommuniziert werden.

Wie in Kapitel 4 bereits ausgeführt, sind die finanziellen Belastungen, wenn für nur wenige Teilnehmer Gesundheitsangebote wie Trainings, Dialogformate, Rückenschule etc. mit qualifizierten Beratern angeboten werden, höher als in großen Unternehmen. Andererseits werden die finanziellen Hürden durch geringe Eigenanteile (finanzieller Anteil, der vom Betrieb selbst getragen werden muss), bei Kassen- oder länderfinanzierten Programmen, gesenkt. Die Krankenkassen und Ministerien (Bund, Land) kommen gerade KMU erheblich entgegen, wenn diese in die Gesundheit ihrer Beschäftigten investieren möchten.

Häufig bestehen auch sehr wenige Vorerfahrungen mit systematischer Organisationsentwicklung (viele fangen bei Null an) und der Nutzen gezielter Gesundheitsförderung ist bisher noch nicht vermittelt worden oder wird nicht als hoch eingeschätzt. Die Zeitknappheit verhindert möglicherweise auch Transfervorhaben, um die Errungenschaften aus dem BGM auch langfristig zu verankern.

Im ländlichen Raum kommt hinzu, dass eine dezentrale Lage zu geringer Dichte oder schlechter Erreichbarkeit von Berater/innen oder Gesundheitsspezialist/innen führt oder weite Fahrtwege in Kauf genommen werden müssen. Außerdem konzentrieren nur sehr wenige Dienstleister und Krankenkassen ihre Bemühungen explizit auf die Bedarfe des ländlichen Raums. Gründe dafür könnten hoher Aufwand oder geringe Erfolgserwartungen sein.

5.2 Chancen für BGM im ländlichen Raum

Aus den Herausforderungen bei der Einführung und Etablierung eines systematischen BGM im ländlichen Raum lassen sich verschiedene Empfehlungen ableiten. Die Erste und Wichtigste ist: Eine Landkarte muss erstellt werden! Was heißt das? So wie jedes Unternehmen seine Besonderheiten hat und dementsprechend ganz spezifische Vorgehensweisen notwendig sind, um mit BGM erfolgreich zu sein, so muss auch für jede Kommune eine Bestandsaufnahme – die dann in einer „Landkarte" mündet – durchgeführt werden. Hier können besondere zu erwartende Schwierigkeiten identifiziert und aufgezeigt werden, die einer Einführung des BGM in Unternehmen entgegenstehen. Aber viel häufiger gibt es eine große Anzahl von unterstützenden Faktoren, die gerade einen kommunalen BGM-Prozess in und mit den Unternehmen erleichtern können.

Ein kommunaler BGM-Prozess kann über die Kommune – Bürgermeister, Wirtschaftsförderung, Verwaltung – ebenso initiiert werden, wie auch über einzelne Unternehmen. Die Grundvoraussetzung wäre eine kommunale Verständigung auf einen solchen – gemeinsamen – Prozess. Die Vorteile sollten für alle Beteiligten schnell sichtbar sein, da ein gegenseitiges Verstärken und Unterstützen immer zu besseren Ergebnissen und Erfolgen führt als „Einzelkämpfertum". Die hohe Hürde liegt jedoch in der Investition zu Beginn eines solchen Vorhabens. Der Anfang muss gut gestaltet werden und wer auch immer zu Beginn der „Kümmerer" ist, das erste Ziel heißt: Verbündete gewinnen. Danach wird dann eine Arbeitsstruktur – wie in jedem Projekt üblich – gebildet, die kommunalspezifischen Ziele und Strategien werden festgelegt und die Umsetzung kann beginnen.

Günstig ist eine zeitliche Staffelung mit Pilotvorhaben zu einzelnen Themen, um Vertrauen in das Gesamtvorhaben und die eigene Wirksamkeit zu schaffen. Dabei sollten zuerst grundsätzliche Themen wie der Arbeitsschutz beachtet werden und erst im weiteren Verlauf auf Themen wie Betriebsklima oder Führung eingegangen werden. Wie immer sind sowohl verhaltens- als auch verhältnispräventive Maßnahmen zu berücksichtigen. Es ist auch zu prüfen, inwiefern das gesamte Verfahren im BGM-Prozess in kleinsten und kleinen Unternehmen verschlankt werden kann. Beispielsweise kann dies gelingen, indem sonst separate Phasen zusammengefasst werden, wie es mittels Marktplätzen-Gesundheit (siehe Kapitel 3.2.3) geschieht. Dort werden z. B. Analyse- und Dialogphase miteinander verbunden.

Über Pilotvorhaben hinaus lohnt es sich im Sinne der Ganzheitlichkeit, von Anfang an den kommunalen Beteiligten BGM in seinem Sinnzusammenhang darzustellen: Personalentwicklung, Betriebsklima, Arbeitsschutz, betriebliche Eingliederung, betriebliche Sozialarbeit und Gesundheitsförderung weisen deutliche Schnittmengen auf (Qualifikation, Zusammenarbeit, Rückendeckung, Arbeitsgestaltung, Arbeitsplatzgestaltung, Kommunikation, Konflikt und Führung spielen in diesen Themen übergreifend eine Rolle). Diese können auch übergreifend (themen- als auch betriebsbezogen) bearbeitet werden. Sogar bestimmte Aspekte eines Qualitätsmanagements – wie die regelmäßige systematische und professionelle Befragung von Beschäftigten – können mit Aktivitäten des gemeinsamen BGM adressiert werden.

Die beschriebene Vorgehensweise mündet letztlich in Unternehmensnetzwerken für BGM, jedoch mit einer regionalen, kommunalen Prägung. Dort können Maßnahmen, die für verschiedene Unternehmen sinnvoll sind (Trainings zu spezifischen Themen, Impulsreferate zur Sensibilisierung, Sport- und Ernährungsangebote etc.), gemeinsam organisiert und in Anspruch genommen werden. Funktioniert erst ein solches Netzwerk mit dem Fokus auf BGM, sind darauf aufbauend Entwicklungschancen in ganz anderen Zusammenhängen denkbar. Warum sollten nicht Unternehmen, die gemeinsam BGM-Aktivitäten umsetzen, sich darüber hinaus bei Personalengpässen aushelfen, gegenseitig unterstützende Dienstleistungen im Austausch ermöglichen sowie in Kooperation externe Dienstleistungen (beim Arbeitsschutz, zu weiteren Beratungsleistungen) über eine Poollösung – gemeinsam finanziert – organisieren? Solche Synergien können aber ebenso über engagierte Unternehmensverbünde (Stammtische, Zusammenkünfte über die Wirtschaftsförderung etc.), Innungen und Kreishandwerkerschaften gelingen.

Gleichzeitig könnte eine Verschlankung des Vorgehens im BGM in solchen Netzwerken realisiert werden. Abweichend von der schrittweisen Vorgehensweise (in Phasen), könnten aus einem Katalog an Maßnahmen, die für ihre Wirksamkeit bekannt sind, auf einer Versammlung mit Unternehmensvertreter/innen Vor- und Nachteile erörtert werden. Gemeinsam wird diskutiert, was als praktikabel und am vielversprechendsten gesehen wird.

Es erfolgt eine Abstimmung darüber, welche Maßnahme verfolgt werden soll. Die Anwendung der ausgewählten Maßnahme wird den Anwesenden vermittelt und sie bekommen Leitlinien und Materialien zur Umsetzung. Anschließend wird die entsprechende Maßnahme in allen Unternehmen separat oder gemeinsam verfolgt und bei Bedarf ein/e Berater/in hinzugezogen. Die Gruppe kann bei weiterem Verbesserungswunsch erneut tagen und eine andere Methode auswählen, prüfen und umsetzen.

Natürlich kann bei einem wachsenden Markt im Bereich E-Health auch erwogen werden, fachlich adäquate digitale Angebote zum BGM (z. B. E-Learning, Apps und andere Software, Videos, Info-Webseiten und Wearables) zu nutzen. Hier sollte mit Expert/innen der Krankenkassen oder externen Instituten Rücksprache gehalten werden, welche dieser digitalen Angebote tatsächlich geeignet sind. Viele Angebote sind weniger seriös und wissenschaftlich bezüglich ihrer Wirksamkeit nicht ausreichend belegt. Durch die Inanspruchnahme der fachlichen Einschätzung von Expert/innen kann der Gefahr begegnet werden, dass Ressourcen und Hoffnungen unnütz in reine Vermarktungsideen gesteckt werden. Voraussetzung hierfür ist natürlich, dass die entsprechende Infrastruktur für digitale Angebote (insbesondere ein ausreichender Zugang zum Internet) auch im ländlichen Raum vorliegt.

Die entscheidenden Vorteile dieses kommunalen BGM-Ansatzes liegen in der Bündelung von Ressourcen, der Nutzung von Synergieeffekten und ganz besonders in der Intensivierung des kollegialen Austausches. Dies trägt zur Fehlervermeidung bei und führt ebenso Good-Practice-Beispiele schnell einer breiteren Nutzung zu.

6. Herausforderungen der modernen Arbeitswelt

6.1 Einführung – Industrielle Revolution und soziale Evolution

Sie fragen sich vielleicht, was unter den häufig gebrauchten Begriffen Arbeit 4.0 oder New Work überhaupt zu verstehen ist?! Dazu lohnt sich ein Blick in die Geschichte und auf die sogenannten vier industriellen Revolutionen, die jeweils mit einem neuen Werteverständnis verbunden waren.

Beginnen wir mit Arbeit 1.0. Obwohl es natürlich auch vorher Arbeit gegeben hat, wird so die Arbeitsgestaltung ab der ersten industriellen Revolution bezeichnet. Die Zeit ab dem Ende des 18. Jahrhunderts brachte diesen Wandel. Er gelang mit technischen Errungenschaften wie der Erfindung der Dampfmaschine und mechanischer Produktionsanlagen. Diese verringerten den nötigen Anteil rein menschlich-körperlicher Arbeit für die Ausübung von Kraft. Arbeit konnte so auch anders organisiert werden. Die neuen Belastungsaspekte für Arbeiter/innen waren ganz maßgeblich physischer Natur. Die Arbeit mit den Maschinen in Fabriken und Minen war mit viel Lärm, Staub, Hitze, vielen Verletzungen und immer noch massiver körperlicher Anstrengung verbunden. Es entstanden aber auch neue Rollen und wesentlich mehr Hierarchie in den Fabriken und im Bergbau, weil es Maschinen zu bedienen und neue Arbeitsschritte zu untergliedern gab. Diese Identitätsbildung und der Wunsch, auch vom technischen Fortschritt profitieren zu können, führten auch zur politischen Organisierung vieler Arbeiter/innen und der Herausbildung einer neuen Klassengesellschaft.

Die Arbeit 2.0 wurde durch den technischen und organisatorischen Fortschritt eingeleitet, der Massenproduktion ermöglichte. Dadurch konnte einerseits der Anteil händischer Arbeit deutlich weiter gesenkt werden, andererseits wurde zunehmender Zeitdruck eine Belastung, weil Maschinen den Takt im neuen Zeitalter vorgaben. In der Folge kam es oft zu starker Ermüdung und zur Vernachlässigung notwendigen sicheren Verhaltens, um Zeit gutzumachen (z. B. Verwendung unzulässiger Hilfsmittel wie Holz, Steine, Seil etc., um Maschinenteile festzustellen o.ä.). Dies wiederum führte zu schweren Unfall-Verletzungen, materiellen Schäden und Havarien durch Fehlentscheidungen bei der Mensch-Maschine-Interaktion (z. B. falscher Hebel verstellt, Teile unzulässig belastet). Als Antwort auf das oben genannte Aufstreben der neuen Arbeiterklassen und das Verlangen nach mehr sozialer Gerechtigkeit entstand in Deutschland Ende des 19. Jahrhunderts durch die Reformen Otto von Bismarcks das Konzept des Wohlfahrtsstaats.

Das Arbeiten 3.0 markiert den nächsten Entwicklungsschritt der Gesellschaft seit den 1980ern. Die Produktion wurde durch den zunehmenden Einsatz von Technik weiter automatisiert. Der Schwerpunkt der wirtschaftlichen Wertschöpfung verlagert sich in den Dienstleistungssektor. Typische Belastungsfaktoren in diesem Bereich sind zunehmend die Notwendigkeit intensiver Emotionsarbeit (mit Menschen empathisch umgehen, ihnen mit klar definierten und vorgegebenen Emotionen und Verhaltensweisen begegnen – z. B. als Flugbegleiter/in, im Einzelhandel oder in Call-Centern), Schwierigkeiten beim transparenten und effektiven Informationsaustausch in komplexen Unternehmensgefügen und die unergonomische Gestaltung von Arbeitsmitteln (z. B. unklare Sprache, unangemessene Aufgaben, Bürostühle –schlechte Sitzhaltung–, Software etc.). Liberale Handelsabkommen und gesteigerte Mobilität ermöglichen eine sogenannte globalisierte Welt. Es wird immer leichter, sich eigenständig zu informieren. Arbeitgeber- und Arbeitnehmerseite verhandeln zunehmend sozialpartnerschaftlich auf Augenhöhe miteinander, wobei die Macht der Arbeitgeber/innen noch deutlich überwiegt. Der wirtschaftliche Wettbewerb und das hohe Angebot an verfügbaren Arbeitskräften schwächen die Druckmittel der Arbeitnehmer/innen.

Der aktuelle Umbruch in der Arbeitswelt wird Arbeit 4.0 genannt. Er ist noch in der Entwicklung und kann deswegen nicht abschließend beschrieben werden. Begonnen hat diese Entwicklung vor etwa 10 Jahren. Basis ist die zunehmende Vernetzung hoch-digitalisierter und hoch-automatisierter Rechensysteme. Webbasierte Kommunikation und Zugriff auf Daten in Cloud-Servern ermöglichen in vielen Branchen flexiblere Arbeit. Arbeit muss nicht mehr zwingend im Büro, der Fabrik oder direkt beim Kunden erfolgen – und wenn sie dort erfolgt, dann nicht mehr nur im Konferenzraum oder an eine bestimmte Maschine oder ein festes Werkstück gebunden.

Zudem nehmen Interaktionen von Mensch-Maschine sowie Maschine-Maschine zu, weil wirtschaftlicher, bequemer und fehlerärmer gearbeitet werden kann. Auch die Form der Zusammenarbeit und Einflussnahme beziehungsweise Teilhabe ist aktuell im Wandel begriffen. Agile Projektarbeit und teilautonome Teamarbeit werden häufiger, aber auch völlig isolierte Tätigkeiten in Selbstständigkeit als Click- oder Crowd-Worker sind neue Erscheinungsformen.

Parallel dazu fordern in vielen Unternehmen Mitarbeiter/innen Transparenz, Einfluss auf Unternehmensentscheidungen und Teilhabe an den Gewinnen, die sich aus der Automatisierung und Optimierung im technischen Bereich ergeben. Immer häufiger wird der Ruf nach mehr Freizeit im Sinne kürzerer Arbeitswochen und geringerer Lebensarbeitszeit laut. In diesem Zusammenhang ist auch zu hinterfragen und zu beachten, zu welchen Belastungen Automatisierung, Digitalisierung und Vernetzung führen können. Dies soll das folgende Kapitel leisten.

6.2 Was ist Arbeit 4.0?

6.2.1 Begriffsklärung

Um das Phänomen Arbeit 4.0 zu beschreiben und den Bezug zu gesundheitlicher Prävention herzustellen, müssen die folgenden Begriffe anhand von Beispielen erklärt werden:

Automatisierung

Hier geht es darum, dass ein großer Teil an Arbeitstätigkeiten teilweise oder vollständig von Maschinen übernommen wird. Sind dies heute noch größtenteils Aufgaben, die sehr stark regelbasiert mit wenig Entscheidungserfordernissen sind (z. B. Fahrkartenverkauf, Messstandkontrolle in Behältnissen für Chemikalien etc.), werden in Zukunft mittels lernender Maschinen auch Expertenleistungen mit hohem geistigen Aufwand (z. B. Beratung in Rechts- oder Versicherungsfragen, Übersetzungen komplexer Texte, medizinische Diagnostik) durch Maschinen übernommen werden können. Menschen werden immer häufiger dafür gebraucht, Daten einzugeben, das System zu überwachen und nur noch teilweise die Ausgaben (Anzeigen auf Bildschirm, Geräusche, Bewegungen etc.) des Systems zu interpretieren.

Digitalisierung

Dieser Begriff beschreibt, dass analoge Gegenstände in unserem Leben zunehmend durch Technologie mit Rechnerleistung ersetzt werden (z. B. wird das Buch zum E-Book, die mechanische Uhr wird zur Smartwatch, Staubsauger werden mit Sensoren ausgestattet und bewegen sich selbst, Kellnerblock und Kasse werden in mobiler Gastronomie-App zusammengefasst etc.).

Vernetzung

Ermöglicht durch mittlerweile weit verbreitetes Internet, können Maschinen miteinander kommunizieren. Die Befähigung dazu durch gezielte Vernetzung (Internet of Things) ist ein zunehmender Trend. Ein Beispiel ist ein Sensor in einem Obst-Container auf See, der mittels Messung eines Reifegases den Reifegrad von Früchten ermittelt. Diesen teilt er dem Routenplanungssystem des Logistik-Disponenten mit. Dieses System wiederum kann entsprechende Informationen zur sinnvollsten Abfertigungszeit für den Weitertransport aus dem Hafen errechnen. So kommt die Frucht bei optimaler Reife im Supermarkt an. Auch das automatische Nachbestellen von Verbrauchsmaterial in einer Werkstatt kann hier genannt werden, wenn ein Sensor beispielsweise die Knappheit von Einmal-Handschuhen registriert. Ein weiteres Beispiel ist das ferngesteuerte Verstellen der Temperatur in Produktionsanlagen oder das mobile Starten eines Prozesses mit einer App von zu Hause oder unterwegs.

6.2.2 Potentielle gesundheitliche Belastungen

Ein maßgebliches gesundheitliches Gefährdungspotential ist das fehlende Verständnis der technischen Systeme. Es besteht potentiell die Gefahr einer Überforderung, wenn Abläufe und Voraussetzungen für die Funktionsfähigkeit der Systeme nicht korrekt verstanden werden und es zur Unterschätzung der Auswirkungen eigener Handlungen auf die vernetzten Systeme kommt. Fehlendes Verständnis über die Funktionsweise birgt damit die Gefahr von Fehlhandlungen und unsicherem Verhalten für Nutzer/innen.

Zudem ist vielen Arbeitskräften die eigene Rolle in der Zusammenarbeit mit Maschinen zum Teil unklar. Viele verlassen sich blind auf die künstliche Intelligenz, weil sie lange Zeit nur überwachen, dann plötzlich agieren müssen, wenn etwas nicht funktioniert – wie eine Art Feuerwehr. Dies ist für die menschliche Psyche beanspruchend, weil dabei eine unangenehme Daueraufmerksamkeit notwendig wird und nur auf Auffälligkeiten reagiert werden muss. Dann ist aber mitunter eine sehr schnelle Reaktion erforderlich.

Manchmal sind Systeme so gestaltet, dass sie drastische Folgen (enormer Datenverlust, Sachschaden, körperliche Verletzungen) nicht verhindern, und so werden kleine Fehler für Mitarbeiter/innen zu Katastrophen. Eine ständige Hab-Acht-Stellung und Technik-Angst (zumindest Skepsis) können die Folge davon sein.

Auch gefühlt sinnlose Eingaben (Werte, die für den aktuellen Vorgang nicht gebraucht werden), unlogische Dialogführungen in der Software (Reihenfolge des Programms stimmt nicht mit dem Prozess in der realen Welt überein), nicht erwartungskonforme Navigation in Programmen (aus anderen Programmen erlernte Handlungen lassen sich nicht übertragen), geringe Fehlertoleranz bei der Bedienung (es muss immer die exakte Zeicheneingabe erfüllt werden) können die Nerven der Anwender strapazieren. Diese Beispiele werden unter dem Stichwort mangelhafte Software-Ergonomie zusammengefasst und führen zu ganz neu gearteten Belastungsfaktoren für die menschliche Gesundheit.

Nicht zuletzt sind manche physikalischen Eigenschaften moderner Technik nicht günstig für die menschliche Gesundheit. Blaues Licht, welches von LED-Bildschirmen (fast alle technischen Geräte sind mit solchen Displays ausgestattet) ausgestrahlt wird, verhindert beispielsweise die Bildung von Schlafhormonen. Man spricht von der sogenannten „Beeinträchtigung der Schlafhygiene", was für Arbeiten in den späten Abend- und Nachtstunden relevant ist.

6.2.3 Präventionsmöglichkeiten

Grundsätzlich wichtig sind die Erfassung und Senkung möglicher Fehlbelastungen der Arbeitskräfte mittels einer sogenannten Gefährdungsbeurteilung psychischer Belastungen. Dafür gibt es Normen (DIN EN ISO 10075), Gesetze (ArSchG §5 ff.) und Expert/innen, die Unternehmen dabei fachkundig begleiten können. Es ist in jedem Falle, angesichts des großen Einflusses von Technologie auf die modernen Arbeiter/innen, auch zu prüfen, inwiefern eine angemessene kognitive Ergonomie im Sinne von Gebrauchstauglichkeit gegeben ist. Auch dafür gibt es Normen und Expert/innen (DIN EN ISO 9142), die unterstützen können.

Hilfreich ist es auch, Betroffene weiterzubilden. Für den Umgang mit Maschinen ist es wichtig, eigene Vorstellungen zu entwickeln, was das Hilfsmittel leistet: was es kann und was nicht? Regelmäßige Sicherheitsunterweisungen, Anwenderschulungen und kollegiale Beratung der internen Benutzer/innen sind zweckmäßig. Es sollte auch ein Verständnis dafür geben, dass die komplexen Systeme nun einmal nicht immer einwandfrei bedient werden können. Klare Richtlinien zum Umgang mit Fehlern, Zwischenfällen und gefährlichen Situationen sind notwendig. Es sollte sich eine konstruktive und partnerschaftliche Fehler- und Sicherheitskultur entwickeln. Diese muss auch darüber aufklären, was unter sogenannter digitaler Hygiene zu verstehen ist (d. h. maßvolles, bewusstes und angemessenes Verwenden technischer Hilfsmittel) und welche Rolle Mensch und Technik in der jeweiligen Arbeitsteilung einnehmen sollen. Aber auch an den Systemen selbst sollten möglichst angemessene Sicherheitsvorrichtungen eingerichtet werden, um Fehlbedienungen zu minimieren.

6.3 Flexibilisierung und neue Formen der Arbeit

6.3.1 Räumliche Flexibilisierung

Wie eingangs beschrieben, ermöglicht technischer Fortschritt bei der Gestaltung von Arbeitsmitteln eine zunehmende räumliche Flexibilität. Außerdem erzeugt der Bedarf industrieller, technischer, beratender und pflegender Dienstleistungen die steigende Notwendigkeit flexibler Arbeit, weil viele Probleme nur bedingt vom eigenen Schreibtisch aus gelöst werden können. Folgende Formen räumlicher Flexibilisierung werden aktuell unterschieden:

- Tele(heim)arbeit bezeichnet das mindestens teilweise Arbeiten zu Hause. Dabei ist es üblich bzw. weitgehend nötig, mindestens grundlegend ein „Home-Office" (also ein heimisches Büro) einzurichten. Häufig wird dieses Modell mit Gleitzeit oder Vertrauensarbeitszeit (siehe unten) kombiniert.

- Mobiles Arbeiten wird dann praktiziert, wenn es nötig ist, unterwegs zu arbeiten, weil Reisen zu Kunden und die Arbeit bei Kunden vor Ort erfolgen soll. Es ist aber auch möglich, dass innerhalb des eigenen Unternehmens (z. B. Landwirtschaft, Fabriken, Lagerhallen) von unterwegs und nicht an einem festen Schreibtisch oder einer festen Produktionsanlage gearbeitet werden muss. Dafür müssen Arbeitsmittel und Ausrüstung geeignet sein. Durch Tablets und Mobiltelefone entwickelt sich dieser Bereich aktuell sehr stark.

- Virtuelle Teamarbeit funktioniert so, dass die Arbeitsleistung an Arbeitsgegenständen von örtlich getrennt kooperierenden Teammitgliedern erledigt wird. Diese „treffen" sich weitgehend nur zur Kommunikation über digitale Kanäle (z. B. für Dienstberatungen mittels Videokonferenz oder zur gemeinsamen Organisation in Kollaborations-Software). Dies ist insbesondere dann nötig, wenn Teile des Teams mobil oder zu Hause arbeiten. Da ein Trend zu stärkerer Globalisierung und vermehrter Mobilität besteht, ist dies ein an Bedeutung gewinnendes Konzept.

- Sogenanntes Crowdworking ist als eine Art der Selbstständigkeit mit der Erledigung von Teilaufgaben angelegt. Diese Teilaufgaben lassen sich meist mittels Computern aus der Ferne erledigen (z. B. Übersetzen einer Bedienungsanleitung, Lektorat eines Kapitels, Erstellung einer Grafik etc.). Es besteht meist höchstens minimaler Kontakt zu den Auftraggebern und faktisch kein Kontakt zu anderen Crowdworkern, die möglicherweise am gleichen Produkt arbeiten.

6.3.2 Zeitliche Flexibilisierung

Der aktuelle Wertewandel mit einem zunehmenden Fokus auf Freizeit als „alternative Vergütung", die Notwendigkeit von Vereinbarkeit der beruflichen Pflichten mit dem privaten Leben – nicht nur bei Frauen – und ein zunehmendes Bedürfnis, selbstbestimmt arbeiten zu dürfen, verlangt nach Formen der zeitlichen Flexibilisierung. Hier werden aktuell als Alternative zu komplett festgeschriebenen Arbeitszeiten folgende Formen unterschieden:

Zeitmodelle mit der sogenannten Gleitzeit geben den Mitarbeiter/innen die Möglichkeit, ihre fest vereinbarte tägliche Arbeitszeit zu erledigen, wann sie es bevorzugen. Ein 8-Stunden-Tag kann so (zuzüglich 30 Minuten vorgeschriebener Pausenzeit) theoretisch von 7:30 Uhr bis 16 Uhr oder von 14 Uhr bis 22:30 Uhr dauern. Um ein Mindestmaß an Verfügbarkeit vor Ort für gemeinsame Termine im Unternehmen oder Erreichbarkeit für Kund/innen mit anderem Rhythmus zu gewährleisten, werden bei solchen Regelungen meist Kernarbeitszeiten vereinbart. Mitarbeiter/innen müssen dabei beispielsweise auf jeden Fall zwischen 10:30 Uhr und 15 Uhr (Kernzeit 4,5 Stunden) anwesend oder für Arbeitsanliegen erreichbar sein.

Das System der Arbeitszeitkonten geht von einer nicht regelmäßigen bzw. gleichmäßigen zeitlichen Belastung der Mitarbeiter/innen aus. Es können Stunden angespart und später eingelöst (Stunden-Guthaben) oder nicht geleistete Stunden später erbracht werden (Stunden-Defizit). So kann nach eigenen Bedürfnissen mal länger oder kürzer gearbeitet werden. Solche Modelle ermöglichen, wenn sie längerfristig angelegt sind, auch sogenannte Sabbaticals (Auszeiten für private oder Bildungszwecke), vorgezogenen Ruhestand, Auszeiten für die Pflege Angehöriger oder intensivere Familienzeit, berufliche Neuorientierung etc.

Bei Teilzeitregelungen wird prozentual von einer Vollzeitstelle ausgehend die Arbeitszeit reduziert. Es werden meist flexibel Modelle gewählt, bei denen es beispielsweise im Falle einer 75%-Stelle sowohl möglich ist, an 5 Tagen pro Woche 6 Stunden zu arbeiten oder an 4 Tagen 8 Stunden zu arbeiten mit einem freien Wochentag. Beim sogenannten Jobsharing – einer Sonderform der Teilzeitarbeit – füllen mindestens zwei Personen in Teilzeit eine volle Stelle aus. Sie müssen sich dafür sehr engmaschig abstimmen, damit kein Informationsverlust entsteht, und daher wird häufig auch pro Teilstelle jeweils ein Vertrag über mehr als 50% abgeschlossen.

Vertrauensarbeitszeit ist eine Methode, bei der zwar formal eine zu leistende Arbeitszeit vertraglich festgelegt wird, jedoch keine Form der Kontrolle oder Registrierung durchgeführt wird. Den Mitarbeiter/innen wird auferlegt, selbstverantwortlich und konstruktiv für das Unternehmen und sich selbst darüber zu wachen, dass weder drastische Überschreitungen noch

Unterschreitungen der Arbeitszeit erfolgen. Häufig wird das Vertrauen um Gleitzeitregelungen und selbst geführte Konten ergänzt. Dieses Verfahren bietet sich insbesondere auch dann an, wenn mobil gearbeitet wird (siehe oben) und die Stunden nicht direkt auf Kundenprojekte oder Dienstleistungen gebucht werden müssen.

Ein maximal flexibler Ansatz ist das Verzichten auf die Festlegung von zu leistenden Arbeitsstunden zugunsten der Orientierung an der Zielerreichung. Sind die aktuellen operativen Aufgaben erledigt, die zu haltenden Termine gut abgedeckt und der aktuelle Zeitplan nicht im Verzug, sodass Fristen gehalten oder übertroffen werden, kann nach eigenem Ermessen gearbeitet oder Freizeit genommen werden. Hier ist natürlich die Voraussetzung, dass Ziele realistisch und gemeinsam gesetzt und die Mitarbeiter/innen bei zügiger Erledigung nicht mit weiteren Aufgaben überladen werden. Ansonsten wird diese Lösung zur Falle für den/die Arbeitnehmer/in und durch die Folgen von Stress auch für den/die Arbeitgeber/in.

6.3.3 Probleme flexibler Arbeit

Bei einem Blick auf mögliche Belastungen und gesundheitsgefährdende Aspekte der Flexibilisierung der Arbeitswelt kann einem erst einmal der Atem stocken. Wir möchten Sie an dieser Stelle ermutigen, mit Ihren Mitarbeiter/innen passende Maßnahmen zu finden und gesundheitlichen Belastungen präventiv zu begegnen. Bei guter Organisation lässt sich Flexibilisierung realisieren!

Ein potentieller gesundheitlicher Belastungsfaktor ist die hohe Abhängigkeit von Technik und Infrastruktur bei räumlich flexiblem Arbeiten. Verkehrsmittel müssen für mobiles Arbeiten pünktlich sein und ein halbwegs ruhiges Ambiente bieten, um ein gutes Arbeitsklima zu ermöglichen. Dies kann häufig nicht direkt durch die „flexibel Arbeitenden" beeinflusst werden. Selbst im heimischen Büro ist dieser Umstand oft nicht gegeben. Es können viele Störungen, Unterbrechungen und unangenehme Umgebungsbelastungen wie Lärm, Zug, Hitze, Kälte, Gerüche etc. gegeben sein.

Weiterhin besteht eine hohe Abhängigkeit von Infrastruktur für mobiles Arbeiten – sprich stabiles Internet, funktionstaugliche und robuste Technik (Notebook, Tablet, Internetempfang). Brechen die Systeme zusammen entsteht hoher Druck durch den Zeitverzug. Eine schnelle Abhilfe ist oft nicht gegeben. Ebenso sind Arbeitsmittel nicht für den Gebrauch im Freien (spiegelnde Bildschirme, sich aufheizende Hardware, kurze Akkulaufzeiten) oder auf Reisen (Störanfälligkeit bei Bewegung, Bedarf nach stabiler Datenübertragung bzw. kein „Vorladen" möglich etc.) gebaut. Man spricht hier von unzureichender oder unangemessener Gestaltung der Arbeitsmittel.

Eine weitere Herausforderung ist, dass es durch die räumliche Entfernung oder eine fehlende zeitliche Überschneidung in der Anwesenheit von Kolleg/innen dazu kommt, dass Informationen zu Abläufen, Arbeitsständen, neuen Entwicklungen in Projekten etc. nicht mehr zuverlässig weitergegeben werden können. Es kommt potentiell zu Fehlern oder es wird „in die falsche Richtung" weitergearbeitet. Auch der „soziale Kitt", durch das Fehlen informeller persönlicher Gespräche, kann verloren gehen. Dauerhaft können so Isolation, zu geringer sozialer und fachlicher Austausch entstehen. Zudem können gute Leistungen von Kolleg/innen mitunter nicht miterlebt werden, was in fehlender gegenseitiger Anerkennung resultieren kann.

Manche Mitarbeiter/innen empfinden auch die Entscheidungsspielräume als zu groß, wenn sie sich ausschließlich selbst organisieren müssen. Dies kann zur Überforderung und Stresssymptomen führen. Die gewonnene Freiheit beim Arbeiten bringt demnach auch ihre Schattenseiten mit sich. Für die Selbstorganisation sind ausgeprägte Kompetenzen im Bereich der eigenen Regulation und Planung notwendig. Darüber hinaus eine gute Medienkompetenz zur richtigen Nutzung technischer Hilfsmittel sowie soziale Kompetenz für das erfolgreiche Bewältigen ständiger „Fernmündlichkeit". Für viele Arbeitnehmer/innen, aber auch für Selbstständige endet der Versuch, all dies in Einklang mit der fachlichen Arbeit zu bringen, in sogenannter Entgrenzung der Arbeit (sie wird allgegenwärtig) und in der Folge zu Selbstausbeutung. Wird darüber hinaus ständige Erreichbarkeit der Mitarbeiter/innen gefordert, entsteht erhöhte Anspannung, weil sich die Betroffenen dauerhaft auf Abruf halten müssen. Dadurch kann Erschöpfung und schnelle Ermüdung entstehen.

Zusätzlich kommen mitunter soziale Probleme ins Spiel. Vorwürfe des Vertrauensbruchs bei flexibler Arbeit (zum Teil nicht ausgesprochen, sondern unterschwellig) und die Angst vor Misstrauen der Kolleg/innen belastet flexibel Arbeitende, wenn keine Kultur oder mangelndes Verständnis für solche Vorgehensweisen vorhanden ist. Insbesondere wenn es viele Kolleg/innen gibt, die eine flexible Arbeitsgestaltung leben dürfen, ist es schwer, die Bedürfnisse aller miteinander zu vereinbaren (z. B. Einhalten von Fristen, Finden gemeinsamer Termine, Nutzung von begrenzten Ressourcen im Büro wie Kopierer, persönliche Gespräche mit Vorgesetzten). Auch das kann zu Konflikten führen.

Auch im halb-privaten Umfeld (also unterwegs in der Arbeitszeit oder im Home-Office) kann es sein, dass Personen aus dem privaten Umfeld unangemessene Forderungen stellen und so für Ablenkung und zusätzlichen Druck sorgen („Mach doch mal – du hast doch zu Hause"). Postboten und andere Dienstleister, Nachbarn und Freunde sowie die Kinder haben oftmals entweder keine Kenntnis davon, dass man gerade arbeitet, oder keine Vorstellung davon, wie flexibles Arbeiten verpflichtet. Man ist da – also ist man doch verfügbar!

Schlussendlich kann der Druck, eigene gesetzte Zeitziele zu erreichen (z. B. Freizeitausgleich, Sonderurlaub, Sabbatical), dazu führen, dass zu wenig Pausen und Überstunden gemacht oder Arbeitstätigkeiten zu ungünstigen Tageszeiten erledigt werden. Dies erhöht die Unfall- und Fehlergefahr (insbesondere wenn auch noch mobil gearbeitet wird: Wegeunfälle) und stört das Bedürfnis nach Regeneration. Häufig spielt auch die Angst vor dem Verlust des gewonnen „Privilegs" flexible Arbeit eine Rolle für den Stress von flexibel Arbeitenden.

6.3.4 Möglichkeiten zur Prävention bei flexibler Arbeit

Die Beschreibung der Probleme enthielten des Öfteren bereits notwendige Gestaltungsmaßnahmen. Wir möchten an dieser Stelle noch einmal gesammelt übergreifende Hinweise zur gesundheitlichen Prävention bei flexibler Arbeit geben.

Entscheidend wird die Entwicklung von Kompetenzen für flexibles Arbeiten sein. Vor dem Einführen solcher Arbeitsmodelle sollte geprüft werden, inwiefern die Mitarbeiter/innen mit dem Wunsch nach flexibler Arbeit die bereits angeführten Kompetenzen besitzen. Hier könnte bereits bei der Personalauswahl darauf geachtet werden, wenn die Stelle mobiles oder digitales Arbeiten oder bestimmte Zeitmodelle vorsieht. Im Zweifel sollte über Personalentwicklung nachgesteuert werden. Grundsätzlich sollte beachtet werden: Nicht jeder kann und will flexibel arbeiten. Es ist im Einzelfall zu prüfen, welches Modell passend ist.

Wichtig ist auch, zur Verfügung stehende Arbeitsmittel, die mobil oder daheim genutzt werden sollen, auf ihr Potential zu überprüfen eine Belastungsquelle zu werden. Nicht jede technische Lösung weist eine angemessene Gebrauchstauglichkeit auf – insbesondere die Aufgabenangemessenheit der Hardware oder Software ist zu beachten. Die Hilfsmittel müssen einwandfrei darauf ausgerichtet sein, die Aufgabenstellungen der Mitarbeiter/innen vollständig und genau zu erfüllen. Dabei sollte zur Stressvermeidung kein unangemessener Zusatzaufwand entstehen und die Nutzer/innen müssen durch die Nutzung im Sinne einer Zielerreichung zufriedengestellt werden (siehe EN ISO 9241-11).

Es ist weiterhin wichtig, dass trotz weitgehend reduzierter direkter Kommunikation Instrumente gefunden werden, die eine gemeinsame Abstimmung ermöglichen. Eine E-Mail ist dafür selten das richtige Mittel! Für regelmäßigen sozialen Austausch sollte auch außerhalb sozialer Medien in Form von persönlichen Treffen gesorgt werden.

Führungskräfte sollten mit langfristigem Fokus planen, wie sie mit ihren Mitarbeiter/innen interagieren möchten, in welcher Form und was sie delegieren können, wie sie ihre Beschäftigten beraten können. Indirekte Steuerung (z. B. Führen mit Zielvereinbarungen) und Führen auf Distanz wollen gelernt sein. Grundsätzlich müssen Aufgaben und Aufträge so geplant werden, dass sie zum vereinbarten Modell der Mitarbeiter/innen passen. Dabei muss beachtet werden, dass Erholung möglich ist. Um interne Streitigkeiten und Rechtfertigungszwänge zu verhindern, ist es ratsam, eine Vertrauenskultur zu entwickeln. Eine Vorbildfunktion im Umgang mit flexibler Arbeit kann dabei sehr wirksam sein.

Weiterhin ist ständige Erreichbarkeit grundsätzlich zu vermeiden. Dabei helfen Regeln für die Nutzung technischer Arbeitsgeräte (z. B. Arbeitscomputer blockiert sich nach 10 Stunden, E-Mail-Server aktualisiert nicht mehr in der Zeit von 20 bis 6 Uhr), aber auch die Sensibilisierung für gesundes Arbeiten in der Selbstorganisation und mit mobilen Arbeitsmitteln. Auch ein sinnvoller Umgang mit Reisezeit bei mobil Arbeitenden ist wichtig. Es sollten faire Antworten auf die Frage gefunden werden, wann Reisezeit als Arbeitszeit zu betrachten ist, um die Beschäftigten angemessen zu entlasten.

Im Äußersten – bei massiver Selbstausbeutung oder Unachtsamkeit – muss zum Schutz der/s Betroffenen das „Privileg" der flexiblen Arbeit wieder rückgängig gemacht werden. Dafür ist allerdings eine umfassende und empathische Erklärung wichtig.

6.4 Digitale Zugänge zur Gesundheitsförderung

Die Arbeitswelt wird, ebenso wie unsere private Welt, zunehmend digitalisiert. Entsprechend werden auch digitale Zugänge zur Förderung von Gesundheit entwickelt. Relevante Konzepte sind dabei z. B. E-health und M-health.

- E-Health (elektronische Gesundheit) bezeichnet digitale Technologien im Gesundheitswesen. Sie werden in der Prävention, Diagnose, Therapie, Überwachung und Verwaltung eingesetzt. Es können folgende Anwendungsfelder unterschieden werden:
  - Informationsplattformen für Betroffene und Professionelle: Informationsportal für BGM-Angebote in der Region, medizinisches Lexikon, Apothekenverzeichnis, Erfahrungsberichte inklusive Bewertungen von Krankenhäusern, Pflegeanbietern oder BGM-Anbietern.
  - Austausch Beteiligter im Gesundheitswesen zu für die Zielgruppen relevanten Themen: Forum für Interessierte an BGM, von Mediziner/innen begleiteter Chatroom für Betroffene mit bestimmter Diagnose, E-Learning (z. B. als Resilienz-Coaching) und E-Therapie (z. B. für Depressionen), Datenbanken mit kritischen Ereignissen und Unfällen im Krankenhaus etc.
  - Übertragung von Daten, um gesundheitsbezogene Leistungen vollständig elektronisch umzusetzen: z. B. Fitnessarmbänder senden Bewegungsprofil an Apps mit Beratungsfunktion zur Bewegungsförderung, regelmäßige Abfrage von Beanspruchungssymptomen als Warnsystem für Fehlbelastungen auf der Arbeit, elektronische Patientenkarte.

- Sammlung von Daten der Anwender/innen, um Gesundheitszustand oder Gesundheitsverhalten ganzheitlich zusammenzuführen:
  z. B. Profil in einem BGM-Portal, Diagnose an verschiedenen me-
  dizintechnischen Instrumenten/Geräten, elektronische Gesund-
  heitsakte etc.
- M-Health (mobile Gesundheit) bezieht sich auf E-Health-Angebote,
  die mit tragbaren Geräten umgesetzt werden: Smartphones, Tablets
  etc. und sogenannte Wearables wie Chips in Schuhen, Armbänder
  und Smartwatches, Bewegungssensoren in Handschuhen etc.

Trotz dieser verlockenden, rasanten Entwicklungen, ist bei vielen Themen
eine Mischung von persönlichen und digitalen Maßnahmen empfehlenswert.
Gerade in den Aspekten, die mit psychischer Gesundheit assoziiert sind, so
z. B. Beispiel persönliche Beziehungen und Kommunikation am Arbeitsplatz, sollte auf den persönlichen Kontakt nicht komplett verzichtet werden.

7. Fallbeispiele und Anregungen für die Praxis

7.1 Ein Praxisbeispiel von A bis Z

In einem mittelständischen Unternehmen der Druckluftgerätebranche haben sich die beiden Geschäftsführer für die Einführung eines BGM entschieden. Da es keine eigene Abteilung und auch keine/n betriebsinterne/n Ansprechpartner/in für eine solche Aufgabe gibt, haben sie zunächst Kontakt zu der Krankenkasse aufgenommen, bei der der Großteil ihrer Mitarbeiter/innen versichert ist. Hier haben sie erste Informationen sowie weiterführende Tipps erhalten, um sich zunächst selbstständig zu informieren. Zudem vereinbarten sie gemeinsam mit einer Vertreterin der Krankenkasse sowie einer externen Beratungsexpertin für BGM ein persönliches Erstgespräch. Hier wurden die Ziele, Wünsche und Bedenken der Geschäftsführer besprochen. Zudem erläuterten die Expertinnen das professionelle Vorgehen für den Einstieg ins BGM. Gemeinsam wurde überlegt, wie diese schon von Beginn an die Bedarfe und Möglichkeiten des Betriebes angepasst werden kann. Mit einer groben Strategie für die nun folgenden Schritte wurde das Gespräch beendet und es folgte der Start ins BGM. Die Geschäftsführer entschieden sich dafür, ein kleines Steuergremium zu gründen, bestehend aus ihnen sowie zwei weiteren am Thema interessierten Kolleg/innen. Gemeinsam mit einer externen Beraterin wurde dann die Entscheidung für eine schriftliche Befragung der Mitarbeiter/innen getroffen. So sollte es gelingen, möglichst viele der 50 Beschäftigten zu ihren aktuellen Belastungen im Arbeitsalltag zu befragen. Die Befragung wurde durch die Kolleg/innen des Steuergremiums betriebsintern zwei Wochen vorher im Rahmen einer Versammlung angekündigt. So wurden alle Beschäftigten auf einen einheitlichen Stand gebracht und bei Unklarheiten konnten diese direkt nachfragen. Gleichzeitig wurde zudem das Ziel der Befragung erläutert und das Thema BGM genauer beschrieben. Die Mitarbeiter/innen nannten in der schriftlichen Befragung Folgendes als belastend:

- körperliche Beschwerden durch ständiges Heben, Tragen und Bücken,

- Mängel im Informationsfluss bzw. in der betriebsinternen Kommunikation,
- Zeitdruck sowie
- Pausengestaltung.

Die Ergebnisse wurden durch die externe Beraterin zunächst den Mitgliedern des Steuergremiums präsentiert und hier diskutiert. In diesem Rahmen wurden die weiteren strategischen und methodischen Schritte für den nun folgenden Dialog mit den Beschäftigten geplant: Es sollten sich Fokusgruppen mit den Mitarbeiter/innen bilden, um die Aspekte genauer zu beleuchten, die als belastend herausgestellt wurden. Zudem sollte das Angebot eines Rückencoachings für die Beschäftigten erfolgen. Beide Angebote, sowohl die Fokusgruppen als auch das Rückencoaching, sollten als freiwillige Angebote angekündigt und umgesetzt werden. Dafür erstellten die Mitglieder des Steuergremiums Listen, in welche sich interessierte Kolleg/innen verbindlich eintragen sollten. Erst im Anschluss an diese Planung wurden auch die Beschäftigten sowohl über die Ergebnisse als auch über das weitere Vorgehen informiert.

Für das Angebot das Rückencoachings entschieden sich 20 Kolleg/innen. Zu den drei weiteren Themen Informationsfluss, Pausengestaltung und Zeitdruck fanden Fokusgruppen (je zwei bis drei Stunden pro Thema) mit jeweils fünf Beschäftigten sowie einer externen Beraterin statt. In allen Gruppen wurde das jeweilige Problem genau beschrieben, nach möglichen Ursachen gesucht und anschließend wurden Lösungsideen und Wünsche für das weitere Vorgehen formuliert.

Zum Thema Informationsfluss stellte sich heraus, dass die Abstimmung zwischen den Betriebsbereichen der Planung und der Montage nicht gut funktionierte, da sich kaum jemand aus dem Planungsbereich an die vorgedruckten Auftragsformulare hielt. Diesem Problem konnte schnell entgegengewirkt werden. Im Rahmen einer Versammlung wurde noch einmal aus Sicht der Montage erläutert, aus welchem Grund die Arbeit mit den Formularen unerlässlich ist, auch wenn es zunächst ein scheinbarer Mehraufwand für den Bereich der Planung bedeutete. Zudem wurde beschlossen, dass von der Montage keine Aufträge mehr ohne entsprechende schriftliche Vorgabe entgegengenommen werden durften.

In der Diskussion der Ursachen für den identifizierten Zeitdruck stellte sich heraus, dass ein großer Teil durch die eigenen, sehr hohen Ansprüche an sich selbst und die eigene Arbeit, entsteht. Die Beschäftigten wünschten sich daher ein Teamtraining zum Thema Zeitmanagement und leiteten diesen Wunsch an die Geschäftsleitung weiter. Das Training wurde zeitnah und auf freiwilliger Basis durch einen professionellen externen Trainer umgesetzt.

Zum Thema Pausengestaltung brachte die Fokusgruppe hervor, dass zwar ein Pausenraum im Betrieb vorhanden war, dieser jedoch nicht den Bedürfnissen der Mitarbeiter/innen entsprach. Die Beschäftigten erarbeiteten konkrete Änderungsvorschläge und boten zudem an, diese selbst umzusetzen, solange ihnen die Mittel hierfür vom Betrieb zur Verfügung gestellt würden. Dies erfolgte problemlos. Ein weiterer Wunsch war es, die Pausen im Sommer nach draußen verlegen zu können. Dafür wurde der Vorschlag entwickelt, einen Pavillon auf dem Nachbargelände zu errichten, welcher auch für Firmenfeiern genutzt werden könnte. Hier gab es zunächst große Skepsis bei der Geschäftsführung, und es wurde den Mitarbeiter/innen erläutert, aus welchen Gründen diese Idee nicht (zeitnah) umgesetzt werden würde. Zwei Jahre später ist jedoch auch der Pavillon unter viel Eigenengagement der Beschäftigten entstanden.

Die Lösungsvorschläge aller Fokusgruppen wurden zunächst immer an das Steuergremium (inkl. Geschäftsführung) rückgemeldet und an dieser Stelle hinsichtlich ihrer Umsetzbarkeit diskutiert. Anschließend wurden alle Ideen an die Beschäftigten vermittelt und, wenn möglich, umgesetzt.

Zudem wurde während und nach der Umsetzung von Veränderungen immer im Rahmen des Steuergremiums überprüft, wie die Veränderung wirkt. Bringt sie den erhofften Nutzen und eine Verbesserung oder muss noch einmal neu überlegt werden, welche Alternativen es gäbe.

Um den so gestarteten Prozess des BGM aufrechtzuerhalten, wurde ein Gesundheitszirkel gegründet. Dieser setzt sich aus fünf interessierten und engagierten Kolleg/innen zusammen, welche sich darum bemühen, Gesundheit zu einem Teil der Betriebskultur werden zu lassen. Sie stehen in engem Kontakt zur Geschäftsführung sowie zur Fachkraft für Arbeitssicherheit und nehmen sich der Themen an, die durch die Beschäftigten oder auch durch die Geschäftsführung an sie herangetragen werden. Moderiert wurde der

Gesundheitszirkel zunächst durch eine externe Beraterin. Schrittweise ging auch diese Aufgabe in die Hände einer Kollegin über, die im Sinne der Nachhaltigkeit eine Weiterbildung zur Gesundheitskoordinatorin absolvierte. So kann der Betrieb nun eigenständig die entstandenen Strukturen aufrechterhalten.

7.2 Selbstcheck – Wie gesundheitsförderlich ist Ihr Betrieb?

Und nun? Vielleicht wurde bei Ihnen bereits so einiges unternommen, um die Gesundheit und das Wohlbefinden der Mitarbeiter/innen zu fördern. Vielleicht beschäftigen Sie sich auch erst seit Kurzem mit diesem Thema. Letztendlich ist entscheidend, wie es Führungskräften und Mitarbeiter/innen tatsächlich geht und wie sich das im Betriebsalltag äußert.

Die folgende Checkliste ermöglicht Ihnen eine grobe Orientierung, wo sich Ihr Betrieb in Bezug auf das Thema Gesundheit momentan befindet. Bitte kreuzen Sie „Ja" an, wenn die entsprechende Aussage auf Ihren Betrieb zutrifft und „Nein", sofern in Ihrem Betrieb eine andere Situation vorliegt.

	Ja	Nein
Das Gesundheitsverhalten der Beschäftigten in unserem Betrieb ist vorbildlich.		
Der Krankenstand in unserem Betrieb ist für unsere Branche niedrig.		
Vorbeugende Maßnahmen gegen Stress sind bei uns ein aktives Thema.		
Bei uns klagt niemand über Kopf-, Rücken- oder Nackenschmerzen.		
Wir versuchen die Arbeitsbedingungen unserer Beschäftigten in regelmäßigen Abständen zu verbessern.		
In unserem Unternehmen kommt es kaum zu Missverständnissen oder Abstimmungsproblemen.		

Unsere Beschäftigten kommen gerne zur Arbeit und fühlen sich wohl.		
Bei uns arbeiten die Beschäftigten gerne mit ihren Führungskräften.		
Im Vergleich zu anderen Unternehmen unserer Branche, ist die Fluktuation bei uns niedrig.		
Beschäftigte vertrauen sich in unserem Betrieb den Führungskräften an.		
Unser Betrieb bietet gute Möglichkeiten, sich weiterzuentwickeln.		

Nachdem Sie die Checkliste ausgefüllt haben, zählen Sie nun die Anzahl Ihrer Ja-Kreuze und finden heraus, wo Ihr Betrieb in Bezug auf das Thema Gesundheit am Arbeitsplatz aktuell steht. Auf der folgenden Seite finden Sie eine Anleitung zur inhaltlichen Einordung Ihres Ergebnisses.

0-2 Ja-Kreuze	Mit dem Lesen dieses Buches und dem Ausfüllen der Checkliste haben Sie gezeigt, dass Sie sich um Gesundheit und das Wohlbefinden Ihrer Mitarbeiter/innen kümmern möchten. Scheinbar ist in Ihrem Betrieb noch einiges Entwicklungspotential vorhanden. Eine Kontaktaufnahme mit Ihren Kostenträgern (Krankenkassen, Berufsgenossenschaft) für eine erste Beratung wäre sicher hilfreich.
3-5 Ja-Kreuze	Einige Dinge machen Sie bereits gut. Bleiben Sie dran, knüpfen Sie jetzt an und stärken Sie Ihren Betrieb, indem Sie weiter in die Gesundheit Ihrer Mitarbeiter investieren! Lassen Sie sich dabei unterstützen und Sie werden sehen, es lohnt sich.
6-8 Ja-Kreuze	Gratulation! Wichtige Grundlagen eines gesunden Betriebes scheinen bei Ihnen bereits vorhanden zu sein. Wenn Sie nun auf diesen aufbauen, können Sie schon bald die Früchte Ihrer Investition in die Gesundheit Ihrer Mitarbeiter/innen ernten.
9-11 Ja-Kreuze	Herzlichen Glückwunsch! Ihre Mitarbeiter/innen scheinen in Ihrem Betrieb bereits ein gesundheitsförderliches Arbeitsumfeld vorzufinden. Ihre bereits bestehenden Stärken, aber auch noch ungenutzten Potentiale zu fördern, sollte Ihnen mit professioneller Unterstützung besonders leicht fallen.

7.3 Und jetzt? Der Wegweiser für Ihr Unternehmen

Vom ersten Gedanken bis zur Umsetzung eines BGM ist der Pfad nicht immer nur geradlinig. Auch hier „führen viele Wege nach Rom" und es gibt Weggabelungen, an denen Entscheidungen für die eine oder die andere Richtung getroffen werden müssen. Das folgende Schema zeigt noch einmal in der Übersicht, welche Wegabschnitte Ihnen im Laufe des BGM-Prozesses begegnen können.

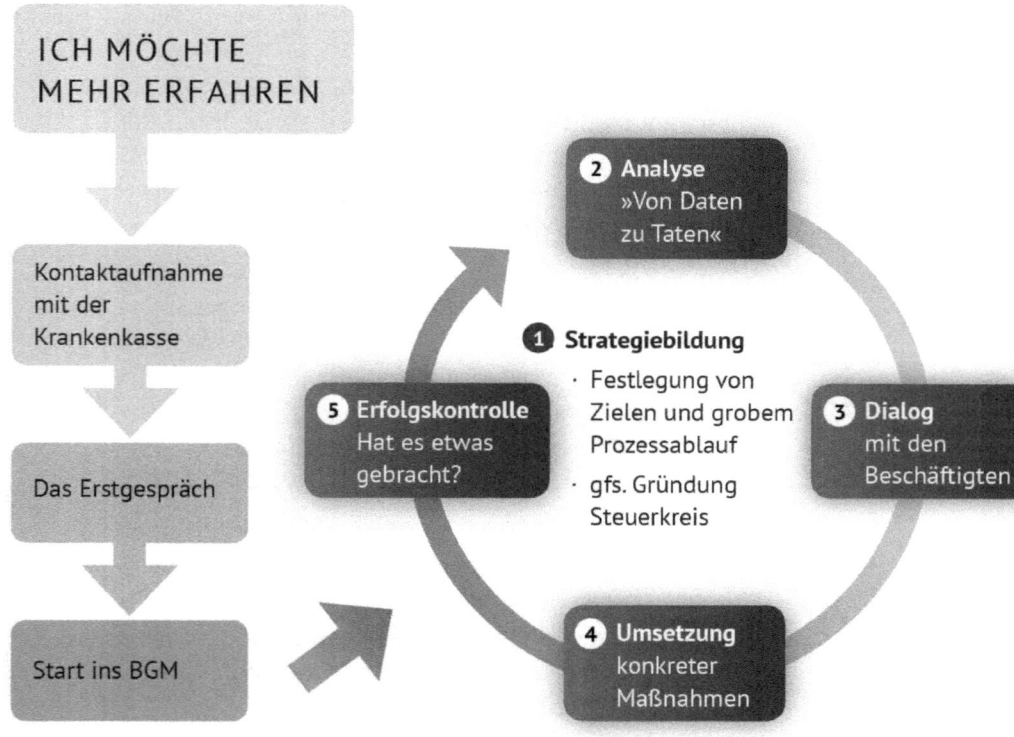

Abbildung 8: Ablauf BGM-Prozess vom ersten Gedanken bis zum erfolgreichen Umsetzung

7.4 Checkliste – Woran muss ich denken?

Was	Wo, mit wem?	Bis wann?
Welche Informationen muss ich einholen?	- Berufsgenossenschaft - Arbeitsmedizinischer Dienst - Krankenkasse	
Welche Ergebnisse von Analysen/Befragungen (Gefährdungsbeurteilung) habe ich bereits?		
Welche Fördermöglichkeiten gibt es für mich?		
Welche Menschen (Kolleg/innen, Freunde etc.) in meinem Umfeld befrage ich dazu?		
Welche interne Unterstützung binde ich gleich zu Anfang mit ein?		
Was will ich auf jeden Fall vermeiden?		
Welches ist mein Hauptziel/sind meine Hauptziele?		in einem Jahr

8. Schlusswort

Sie haben es geschafft – herzlichen Glückwunsch! Oder sind Sie vielleicht sogar ein wenig enttäuscht, dass die Reise durch die spannende Welt des BGM hier endet?

Wie auch immer, dieses Buch – aus der Praxis für die Praxis – wollte anregen Barrieren abzubauen, vom komplizierten Konzept, bestehend aus unverständlichen Fachbegriffen, hinführen zu hilfreichen und nützlichen Aktivitäten in den unterschiedlichsten Unternehmen. Das war und ist unser Ziel! Ob klein, ob groß, ob Dienstleistung oder Handwerk, in der Großstadt oder im ländlichen Raum, das Anliegen ein nachhaltiges Gelingen von BGM zu realisieren ist keine Utopie, man muss es nur wollen! Vielleicht erscheint diese Botschaft auf den ersten Blick banal, sie enthält jedoch den essentiellen Kern für ein erfolgreiches BGM-Programm! Man muss gesundheitsförderliches Arbeiten lebe WOLLEN, dann ist der erste Schritt geschafft. Dadurch werden viele kleine Veränderungen im Arbeitsalltag möglich, die einen enormen Effekt auf die körperliche und mentale Gesundheit haben können!

Eine ganz zentrale Rolle kommt dabei der Unternehmensleitung und den Führungskräften zu: Gelingt es diesen, ihre Belegschaft tatsächlich für die gemeinsamen Ziele zu begeistern oder zumindest eine Akzeptanz zu erzielen, dann ist enorm viel geschafft – auch ohne aufwendigen BGM-Prozess. Vielmehr ist damit eine gute Basis für ein gemeinsames konsequentes Hinschauen auf das, was alle im Unternehmen für mehr gesundheitsförderliche Arbeit brauchen, gelegt! Teamgeist und Beteiligung der Beschäftigten am Gesamtgeschehen – Partizipation – sind die wesentlichen Erfolgsfaktoren für ein gutes BGM. Ganz im Sinne von Antoine de Saint-Exupéry:

„Wenn du ein Schiff bauen willst, dann trommle nicht Männer zusammen, um Holz zu beschaffen, Aufgaben zu vergeben und die Arbeit einzuteilen, sondern lehre sie die Sehnsucht nach dem weiten, endlosen Meer."

Das sachliche Extrakt dieser Worte, übertragen auf die Arbeitswelt könnte wie folgt lauten: Menschen möchten möglichst störungsfrei, im besten Falle mit Freude ihrer Arbeit nachgehen, für gute Leistungen bestätigt werden und sich in positiver Arbeitsatmosphäre bewegen – eigentlich gar nicht so schwer, es bedarf jedoch von Zeit zu Zeit neuer Impulse. Es lohnt sich für alle!

Gutes Gelingen!

9. Praxiserprobte Maßnahmen

Die folgende Übersicht zeigt die vielfältigen Möglichkeiten der verhaltenspräventiven Maßnahmen, die Sie für die Umsetzung des BGM in Ihrem Betrieb nutzen können. Diese Maßnahmen unterstützen Ihre Mitarbeiter/innen dabei, ein gesundheitsförderliches Verhalten nachhaltig in ihren Alltag zu integrieren. Aus den unterschiedlichen Handlungsfeldern der Gesundheitsförderung, wie beispielsweise Bewegung, Ernährung, Stress, Sucht, Kommunikation, Resilienz und Stimmgesundheit, stehen ihnen betriebsrelevante Maßnahmen zur Verfügung.

In den vorherigen Kapiteln ist die Umsetzung verhältnispräventiver Maßnahmen detailliert beschrieben worden, sodass auf diesen Aspekt nicht erneut eingegangen wird. Zu betonen ist jedoch, dass die gesundheitsfördernde Anpassung der Arbeitsbedingungen unabdingbar ist, um Mitarbeiter/innen ein gesundheitsförderliches Verhalten zu ermöglichen. Nur die Vernetzung beider Aspekte führt langfristig zu den genannten umfassenden Vorteilen und Zielen des BGM.

9.1 Beschäftigte gesund führen

Thema	Mitarbeitergespräche führen
Zielgruppe	Geschäftsführung, Führungskräfte
Lernziele/Inhalte	Die Arbeitszufriedenheit der Arbeitnehmer/innen entscheidet über ihre Leistungsfähigkeit, Motivation und darüber, wie sie mit Kund/innen interagieren. Oftmals führen Belastungen, fehlende Kompetenzen oder Konflikte zu einer geringen Zufriedenheit am Arbeitsplatz. In einem vertrauensvollen Gespräch zwischen der Geschäftsführung und den einzelnen Mitarbeiter/innen sollten diese arbeitsrelevanten Komponenten thematisiert werden. Im Einzelcoaching erlernen Führungskräfte Gesprächstechniken, zur wertschätzenden und zielgerichteten Interaktion mit Beschäftigten.

Thema	Wertschätzende Kommunikation
Zielgruppe	Geschäftsführung, Führungskräfte
Lernziele/Inhalte	Das Führungsverhalten hat einen erheblichen Einfluss auf die Arbeitszufriedenheit und Gesundheit der Belegschaft. Es wurde wiederholt wissenschaftlich belegt, dass ein respektvolles, wertschätzendes Miteinander zwischen den Führungspersonen und den Mitarbeiter/innen eine positive Wirkung auf die Gesundheit dieser nimmt. Die Auseinandersetzung mit der Thematik erfolgt in einem Einzelgespräch zwischen

der Geschäftsführung oder führendem Personal und einem/einer Berater/in. Individuelle Themen und Fragen werden besprochen, sodass die Führungskräfte bei der Teamführung und einer wertschätzenden Unternehmenskultur unterstützt wird.

Thema	Kritische Gespräche führen
Zielgruppe	Geschäftsführung, Führungskräfte
Lernziele/Inhalte	In Arbeitsteams kommt es immer wieder zu Meinungsverschiedenheiten und Spannungen. Diese sind häufig herausfordernd und gehen mit Belastungen für das Betriebspersonal einher. Ein offenes Gespräch ist eine gute Form, um den Konflikten zu begegnen. Das Führen einer solchen Aussprache ist für viele Personen nicht leicht. Dementsprechend ist die Auseinandersetzung mit den Schwierigkeiten und Hindernissen der Gespräche lohnend, um diese für alle Seiten positiv gestalten zu können. Die Teilnehmenden reflektieren ihre bisherigen Gespräche mit Kolleg/innen auf Basis ausgewählter Kommunikationsmodelle.

9.2 Kommunikation gesundheitsförderlich gestalten

Thema	Achtsame Kommunikation
Zielgruppe	Beschäftigte, Führungskräfte
Lernziele/Inhalte	Tagtäglich kommunizieren wir verbal wie nonverbal auf unterschiedliche Art und Weise. Eine Reflexion darüber, wie wir kommunizieren, bleibt dabei meist außen vor. Die Kommunikationswissenschaft bietet jedoch zahlreiche Erkenntnisse darüber, wie man wertschätzend und respektvoll kommunizieren kann. Auf dieser Basis gedeihen erfolgreiche zwischenmenschliche Beziehungen und eine produktive Arbeitsatmosphäre. Ziel des Workshops wird es sein, den Teilnehmenden theoretische Modelle sowie die Grundmerkmale der Kommunikation zu vermitteln.

9.3 Interaktionsarbeit gesundheitsförderlich gestalten

Thema	Belastungen durch emotionale Inanspruchnahme erkennen und senken
Zielgruppe	Beschäftigte, Führungskräfte
Lernziele/Inhalte	Tätigkeiten, die auf dem Umgang mit Menschen basieren, sind häufig mit negativen Auswirkungen auf die psychische Gesundheit verbunden. Der Grund liegt darin, dass häufig bestimmte Gefühle gezeigt werden müssen, die nicht unbedingt mit der eigenen aktuellen Gefühlslage der Person übereinstimmen. In diesem Workshop sollen die Teilnehmer/innen zunächst die Ausprägungen von Emotionsarbeit in ihrer Arbeit ergründen und kennenlernen, um dann verschiedene Techniken zum Abbau negativer Auswirkungen von Emotionsarbeit zu erfahren und einzuüben.

9.4 Konfliktmanagement

Thema	Mobbing im Betrieb
Zielgruppe	Beschäftigte, Führungskräfte
Lernziele/Inhalte	Mobbing unter Kolleg/innen ist keine Seltenheit und führt im schlimmsten Fall zu langfristigen psychischen Erkrankungen. Die Sensibilisierung der Belegschaft ist demnach bedeutsam, um Mobbing im Betrieb zu unterbinden. Wie ein achtsamer, respektvoller Umgang funktioniert und wie jede/r Arbeitnehmer/in auf ihre/seine Art und Weise respektiert werden kann, wird in dem Training behandelt.

9.5 Teambuilding

Thema	Teamentwicklung
Zielgruppe	Beschäftigte
Lernziele/Inhalte	Die Leistungsfähigkeit eines Teams hängt im Wesentlichen davon ab, wie sie miteinander arbeiten. Absprachen treffen und einhalten, die gegenseitige Unterstützung und ein achtsamer Umgang führen zu einem wertschätzenden und produktiven Arbeitsklima. In diesem Teamtraining wird individuell auf das Team eingegangen und dessen Ressourcen gestärkt. Die Teilnehmenden diskutieren über die Bedeutung von Teams und reflektieren ihre eigene Rolle. In den anschließenden aktiven Teamübungen werden die Kommunikation, der Zusammenhalt und das gegenseitige Vertrauen der Gruppe gestärkt.

9.6 Resilienz stärken

Thema	Basistraining Resilienz
Zielgruppe	Beschäftigte, Führungskräfte
Lernziele/Inhalte	Personen, die über eine hohe Resilienz verfügen, sind in der Lage, widrige Lebensumstände und Krisen durch Rückgriff auf persönliche Ressourcen zu bewältigen und sie als Anlass für Entwicklungen zu nutzen. Den Teilnehmenden wird der Resilienzbegriff erläutert und in einem gemeinsamen Analyseschritt werden mögliche Defizite der eigenen Resilienz aufgedeckt. Die Auseinandersetzung mit den verschiedenen Facetten der Resilienz hilft den Teilnehmenden, Bereiche ihrer eigenen Resilienz zu entschlüsseln, die gestärkt werden sollten, um mit alltäglichen Belastungen besser umgehen zu können.

Thema	Aufbautraining Resilienz
Zielgruppe	Beschäftigte, Führungskräfte
Lernziele/Inhalte	In Anlehnung an das Basisresilienz-Training werden in dem Aufbautraining weitere Skalen der Resilienz näher betrachtet. Die Teilnehmenden können einzelne Facetten der Resilienz wählen, die nach einer intensiven Besprechung im Vorfeld passgenau auf die jeweilige Gruppe zugeschnitten werden.

Thema	Teamresilienz
Zielgruppe	Beschäftigte
Lernziele/Inhalte	Wenn Teams in der Lage sind, trotz problematischer Situationen ihre Leistungsfähigkeit zu erhalten und sogar die positiven Aspekte zu sehen, zeichnen sie sich durch eine hohe Teamresilienz aus. In diesem Training werden die Bedeutung und die Vorteile einer guten Teamresilienz thematisiert. Darüber kommen Methoden und Übungen zum Einsatz, die die Teamfähigkeit und somit die Zusammenarbeit verbessern.

Thema	Resilienzbarometer
Zielgruppe	Beschäftigte, Führungskräfte
Lernziele/Inhalte	Das Resilienzbarometer ist ein Instrument zur Messung der persönlichen Stärken, Belastungen und Ressourcen bei der Bewältigung des täglichen Lebens. Die sieben abgefragten Resilienzfaktoren umfassen Bereiche wie Stressbewältigung, Flexibilität und soziale Kompetenz. Die Auswertung der Resilienz-Selbsteinschätzung verdeutlicht, welche Bereiche der Resilienz noch gefördert werden können, um Krisen gut zu überstehen und aus ihnen gestärkt hervorzugehen.

9.7 Stressmanagement

Thema	Stressmanagement
Zielgruppe	Beschäftigte, Führungskräfte
Lernziele/Inhalte	Im Berufsalltag begegnen Arbeitnehmer/innen vielfältigen Herausforderungen, die zu Belastungen und Stressreaktionen führen können. Wenn diese Stressreaktionen anhalten und es den Personen nicht mehr gelingt zu entspannen, resultieren daraus kurz- oder langfristig Erkrankungen. In dem Seminar zur Stressbewältigung wird zunächst eine individuelle Stressanalyse durchgeführt: Wann gerate ich unter Stress? Und wie reagiere ich in Stresssituationen? Die Folgen der eigenen Denk- und Bewertungsmuster werden beleuchtet, um anschließend Strategien zu entwickeln, die das Meistern der alltäglichen Herausforderungen erleichtert.

Thema	Genusstraining
Zielgruppe	Beschäftigte, Führungskräfte
Lernziele/Inhalte	Beim Genusstraining werden die schönen Dinge des Lebens beleuchtet. Ganz bewusst wird die Konzentration in dem Training auf die Aktivitäten gelenkt, die den jeweiligen Teilnehmenden Freude bereiten. Es werden Anregungen gegeben, wie ein erholsames Freizeitverhalten dem Stresserleben entgegengewirkt.

	Zudem profitieren die Teilnehmenden gegenseitig von ihren Ideen.

Thema	Entspannungsmethoden
Zielgruppe	Beschäftigte, Führungskräfte
Lernziele/Inhalte	Eine Vielzahl von Menschen fühlt sich täglich gestresst und leidet unter gewissen Stressreaktionen. Die Entstehung des Stresserlebens ist sehr individuell und beruht auf unterschiedlichen Ursachen. Den Teilnehmenden werden allgemeine Ursachen der Stressentstehung dargestellt, um ihnen anhand von Beispielen die Stressentwicklung zu verdeutlichen. Anschließend können unterschiedliche Entspannungstechniken durchgeführt werden, die der Entstehung von Stress entgegenwirken. Folgende Methoden sind möglich: Progressive Muskelrelaxation (PMR): Die PMR nach Edmund Jacobsen beruht auf der Wechselwirkung von An- und Entspannung. Die willentliche Anspannung einzelner Muskelgruppen führt zu einer darauffolgenden tiefen Entspannung der Muskulatur. Autogenes Training: Das Autogene Training ist ein Verfahren der Selbsthypnose. Die Körperfunktionen wie Atmung, Herzschlag und Muskelanspannung werden durch die eigene gedankliche Entspannung in einen Ruhezustand versetzt. Traumreise: Das Verfahren der Traum- oder Fantasiereise beruht darauf, dass die Sinnes-

eindrücke, die beim Erzählen einer Geschichte geweckt werden, eine positive Wirkung auf den Körper erzielen.

Yoga: Ziel dieser Technik ist es, eine Harmonisierung von Körper, Geist und Seele zu erlangen. Dazu werden Körper- und Atemtechniken sowie Tiefenentspannung und Mediation angewandt.

Atemtechniken: Eine gute Atemtechnik stellt die Grundlage für eine erholsame Entspannung dar. In diesem Training wird das zentrale Element der Entspannung, die Atmung, mithilfe ausgewählter Übungen in den Fokus gesetzt.

9.8 Bewegungsförderung

Thema	Rückenseminar
Zielgruppe	Beschäftigte, Führungskräfte
Lernziele/Inhalte	In diesem Seminar wird der Ansatz der „Neuen Rückenschule" und deren Grundverständnis von einem gesunden Rücken verfolgt. Die Teilnehmenden erfahren Wissenswertes über den Rücken sowie über die Entstehung von Rückenbeschwerden. Mit Blick auf den Arbeitsplatz werden kleine, wirksame Übungen für den Alltag aktiv erprobt. Ziel ist es unter anderem, die Aufmerksamkeit auf die Körperhaltung der Teilnehmenden zu lenken, ihnen kleine Veränderungsmöglichkeiten vorzustellen und deren Wirkung auf sie und ihre Umwelt deutlich werden zu lassen.

Thema	Individuelles Rückencoaching
Zielgruppe	Beschäftigte, Führungskräfte
Lernziele/Inhalte	In Anlehnung an das Rückenseminar besteht die Möglichkeit einer individuellen Arbeitsplatzanalyse. Interessierte Beschäftigte können sich in einem persönlichen Gespräch von dem/r Dozent/in beraten lassen. Aus der Metaperspektive betrachten sie gemeinsam den Arbeitsplatz und diskutieren über Verbesserungsmöglichkeiten in der Gestaltung und Anordnung der Materialien. Darüber hinaus wer-

	den Übungen erprobt, die für die jeweiligen Beschwerden wirksam sind.

9.9 Gesunde Ernährung

Thema	Die gesunde Ernährung
Zielgruppe	Beschäftigte, Führungskräfte
Lernziele/Inhalte	Eine ausgewogene Ernährung ist die Basis für Wohlbefinden, Leistungsfähigkeit und Freude im Arbeitsalltag. Unzureichendes Wissen über eine ausgewogene Kost führen zu Fehlernährung, die wiederum Müdigkeit, mangelnde Konzentration oder Übergewicht zur Folge haben kann. In diesem Workshop werden die Grundlagen einer gesunden Ernährung mit den Teilnehmenden zusammen besprochen und es wird darüber diskutiert, wie eine ausgewogene Ernährung in den Arbeitsalltag integriert werden kann.

Thema	Gute Ernährung im Stress
Zielgruppe	Beschäftigte, Führungskräfte
Lernziele/Inhalte	Zeitdruck, Stress und der Wunsch nach schneller Energiezufuhr verhindern bei Erwerbstätigen häufig eine ausgewogene Ernährung im Alltag. In diesem Workshop werden Möglichkeiten aufgezeigt, wie eine gute Lebensmittelzubereitung und

-aufnahme möglich sind. Es werden Hinweise gegeben, welche Lebensmittel für den Erhalt der Leistungsfähigkeit in stressigen Phasen förderlich sind. Zudem erfolgt ein Austausch über schnelle Rezeptideen, wodurch Eintönigkeit in der Ernährung und das Greifen nach Fertigprodukten vermieden werden.

Thema	Gesunde Brotboxen; Pausensnacks
Zielgruppe	Beschäftigte, Führungskräfte
Lernziele/Inhalte	Wenn der Inhalt der Brotbox jeden Tag gleich aussieht, kommt Langeweile auf. Ebenso führen zuckerhaltige Pausensnacks zu einem Leistungsabfall nach der Pause, da dem Körper nur kurzfristig Energie bereitgestellt wird. Folglich fehlen den Mitarbeiter/innen wichtige Nährstoffe, die für die Leistungs- und Konzentrationsfähigkeit entscheidend sind. In diesem Training werden Möglichkeiten aufgezeigt, wie dem begegnet werden kann. Pausensnacks werden zusammen zubereitet und die Beschäftigten erhalten wertvolle Tipps und Hinweise, wie sie langfristig einen abwechslungsreichen und gesunden Pausensnack vorbereiten können.

9.10 Suchtprävention

Thema	Nichtraucherseminar
Zielgruppe	Beschäftigte, Führungskräfte
Lernziele/Inhalte	Die Nikotinsucht ist in Deutschland nach wie vor weit verbreitet und führt zu erheblichen gesundheitlichen Beeinträchtigungen, wie Herz-Kreislauferkrankungen, Atemwegserkrankungen sowie psychosozialen Belastungen. Demzufolge ist es der Wunsch vieler Betroffener, ein rauchfreies Leben zu führen, wobei diesem Willen zahlreiche Ängste gegenüberstehen. Ängste vor schlechter Laune, vor dem Verzichtgefühl sowie einer Gewichtszunahme sind nur einige Beispiele, die häufig genannt werden. In diesem Training werden zusammen mit den Teilnehmenden Wege gefunden, wie den Sorgen begegnet werden kann, um den Weg in ein rauchfreies Leben zu finden.

9.11 Stimmgesundheit

Thema	Basis-Stimmtraining
Zielgruppe	Beschäftigte, Führungskräfte
Lernziele/Inhalte	Die Stimme ist das kraftvollste Instrument von Berufssprecher/innen (z. B. Lehrer/innen). Durch die stetige Beanspruchung können jedoch Stimmbeschwerden entstehen. Heiserkeit, Schmerzempfindungen im Hals oder das Wegbrechen der Stimme kennen die meisten Menschen hin und wieder. Halten solche Symptome an, kann eine Stimmstörung vorliegen. Zur Vorbeugung sind Informationen zur Stimmhygiene und Übungen für den gesunden Umgang mit der eigenen Stimme hilfreich, die in dem Workshop geübt werden.

Thema	Aufbauseminar-Stimmtraining
Zielgruppe	Beschäftigte, Führungskräfte
Lernziele/Inhalte	Nachdem im Basis-Stimmtraining die grundlegenden Aspekte der Stimmgesundheit vermittelt worden sind, liegt im Aufbauseminar der Fokus auf praktischen Übungen für die einzelnen Komponenten der Stimmgebung. Hier werden vermehrt individuelle Anregungen gegeben. Da die Ansatzpunkte bei Stimmbeschwerden sehr vielgestaltig sind, können im Rahmen von Arbeitsplatzberatungen auch die ganz individuelle stimmliche Situation und

	spezifische Belastungsfaktoren in den Blick genommen werden

9.12 Themenübergreifende Handlungsfelder

Thema	Gesundheitstag
Zielgruppe	Beschäftigte, Führungskräfte
Lernziele/Inhalte	Ein Gesundheitstag ist ein Tag, an dem sich die versammelte Belegschaft mit dem Thema Gesundheit auseinandersetzt. Ein solcher Tag kann dazu dienen, den Einstieg in einen gesundheitsfördernden Prozess zu finden. Mithilfe verschiedener Methoden werden die Teilnehmenden für Gesundheitsthemen sensibilisiert und über verschiedenste Aspekte informiert. Es können Mitmach-Aktionen oder Probierstationen angeboten werden. Zudem kann ein Austausch darüber stattfinden, welchen Stellenwert die Gesundheit für die Mitarbeiter/innen während ihrer Arbeit einnimmt.

Thema	Marktplatz
Zielgruppe	Beschäftigte, Führungskräfte
Lernziele/Inhalte	Neben einem Gesundheitstag ist der Marktplatz ein geeignetes Instrument, um eine Auseinandersetzung mit den Mitarbeiter/innen zum Thema Gesundheit zu finden. Vorbereitete Pinnwände mit Fragestellungen oder relevan-

ten Themen ermöglichen einen umfassenden Austausch. Mithilfe des Rotationsprinzips können sich alle Teilnehmenden zu den Aspekten äußern und ihre persönliche Meinung einbringen, sodass jede individuelle Ansicht zu den Inhalten gehört wird. Abschließend werden diese zusammengetragen, sodass ein umfangreiches Bild des Unternehmens zu dem Thema Gesundheit entsteht.

Thema	Ausbildung zum/r Gesundheitskoordinator/in
Zielgruppe	Beschäftigte, Führungskräfte
Lernziele/Inhalte	Eine Weiterbildung einzelner Beschäftigter zu Gesundheitskoordinator/innen ermöglicht die nachhaltige Integration des Themas Gesundheit in das Unternehmen. Gesundheitskoordinator/innen haben die Gesundheit der Beschäftigten im Blick, besprechen, was sie beobachten, mit der Geschäftsführung, arbeiten mit den Beschäftigten an Lösungsvorschlägen und sind dazu in der Lage, die Prozessbegleitung zu übernehmen. Solche Lehrgänge werden in den unterschiedlichsten Varianten angeboten – im Rahmen von betrieblichen Projekten oder auch als offenes Qualifizierungsangebot. Es hat sich gezeigt, dass eine begleitende Supervision bzw. der anschließende kollegiale Austausch die Effekte erhöhen.

10. Glossar

Arbeitssituationsanalyse

Halbstrukturiertes Gruppeninterview (homogene Gruppe=gleiche Hierarchiestufe) mit dem Ziel, in der Diskussion Belastungen, Ressourcen und Handlungsfelder sowie Maßnahmenvorschläge zu ermitteln.

Betriebliche Gesundheitsförderung (BGF)

Als BGF bezeichnet man Interventionen in Betrieben, durch die gesundheitsrelevante Belastungen gesenkt und Ressourcen vermehrt werden sollen. Dies umfasst Arbeitsbedingungen, Organisation, Arbeitsklima und des individuelles Verhalten. BGF umfasst die Einrichtung verschiedener Gremien und durchläuft im Sinne des Projektmanagements die Phasen Analyse, Gestaltung, Umsetzung und Evaluation, -eine gesundheitsförderliche Organisationsentwicklung.

Betriebliches Eingliederungsmanagement (BEM)

Mit dem gemeinschaftlich vom Arbeitgeber, Beschäftigten und den Beteiligten in der sozialen Sicherung durchzuführenden Verfahren des betrieblichen Eingliederungsmanagements nach § 84 II SGB IX wird das Ziel verfolgt, Beschäftigte mit längeren Arbeitsunfähigkeitszeiten bei der Rückkehr an ihren Arbeitsplatz zu unterstützen, erneuter Arbeitsunfähigkeit vorzubeugen und den Arbeitsplatz für den Beschäftigten langfristig erhalten zu können.

Betriebliches Gesundheitsmanagement (BGM)

Üblicherweise soll mit dem Begriff des Gesundheitsmanagements (in Erweiterung zur BGF) die professionelle Gestaltung und ganzheitliche Ausrichtung der Gesundheitsförderung im Betrieb ausgedrückt werden. Die Gesundheitsthematik soll in sämtlichen thematisch benachbarten Aufgabenbereichen, wie dem Personalmanagement und der Personal- und Organisationsentwicklung als Leitmotiv verankert und mit dem Arbeits- und Gesundheitsschutz kombiniert werden.

Demografischer Wandel

Die Veränderung der gesellschaftlichen Altersstruktur durch sinkende Geburtenraten bei gleichzeitig steigender Lebenserwartung des Einzelnen. Aufgrund der Überschreitung der Geburtenrate durch die Sterberate seit Mitte des 20. Jahrhunderts werden dem Arbeitsmarkt in schätzungsweise zehn bis zwanzig Jahren nicht mehr genügend qualifizierte Fachkräfte zur Verfügung stehen (=> *Fachkräftemangel*).

Dialog-Workshop

Gruppensituation (homogene Gruppe) zur qualitativen (inhaltlich) Auswertung von Befragungsergebnissen mit dem Ziel, quantitative Daten (Zahlen) greifbar zu machen und Verbesserungsideen zu sammeln.

Erstgespräch

Offenes oder halbstrukturiertes Gespräch für die Auftragsklärung und Bedarfsermittlung sowie die Vermittlung der Projekt-Rahmenbedingungen.

Evaluation

Evaluation meint die Bewertung von Programmen, Maßnahmen und Institutionen anhand von zuvor festgelegten Kriterien (Zielen, Zwischenzielen). Bewertet werden die Wirkung von Maßnahmen (Effektivitätsprüfung, Gegenüberstellung von Zielen und Erfolgen) sowie das Kosten-Nutzen-Verhältnis von Maßnahmen (Gegenüberstellung von Erfolg und Aufwand). Ein weiteres Kriterium besteht in der Akzeptanz der Maßnahmen und ihres Nutzens durch die verschiedenen betrieblichen Gruppen.

Fachkräftemangel	Das Ungleichgewicht zwischen bestehenden anspruchsvollen Stellen in der Wirtschaft und fehlenden qualifizierten Beschäftigten, die diese Stellen besetzen könnten. Dies ist teilweise eine Folge der sich wandelnden Altersstruktur der Gesellschaft (=> *demografischer Wandel*), aber auch der veränderten Anforderungen in der Arbeitswelt und einem politischen sowie wirtschaftlichen Versäumnis, Nachwuchskräfte und Beschäftigte entsprechend (weiter) zu bilden.
Fokusgruppe	Gruppensituation (kann heterogen besetzt sein) bei der ein spezifisches Thema (der Fokus) umfassend/erschöpfend und lösungsorientiert bearbeitet wird, mit dem Ergebnis einen Maßnahmenplan vorzulegen.
Gesunde Ernährung am Arbeitsplatz	Gesundheitsförderndes Essen und Trinken liegt zum Teil in den Händen der Beschäftigten selbst. Besteht das bewusst gestaltete Angebot einer Betriebsverpflegung, erleichtert der Betrieb es, sich ausgewogen zu ernähren.
Gesundheitsbegriff der WHO	Nach Definition der Weltgesundheitsorganisation (WHO, 1948) ist Gesundheit ein Zustand vollständigen körperlichen, geistigen und sozialen Wohlbefindens und nicht nur des Freiseins von Krankheit und Gebrechen. Gesundheit steht für ein positives Konzept, das die Bedeutung sozialer und individueller Ressourcen für die Gesundheit ebenso betont wie die körperlichen Fähigkeiten. Als grundlegende Bedingungen der

	Gesundheit nennt die WHO Frieden, angemessene Wohnbedingungen, Bildung, Ernährung, Einkommen, ein stabiles Öko-System, eine sorgfältige Verwendung vorhandener Naturressourcen, soziale Gerechtigkeit und Chancengleichheit (Ottawa-Charta, 1986).
Gesundheitszirkel	Gruppen-Analyseinstrument, in dem in homogener Gruppe in mehreren Sitzungsterminen Potentiale, Belastungsprofile, Problemlösungsideen zusammentragen werden.
Marktplatz	Halb- bis ganztägige Veranstaltung für möglichst alle Beteiligten, zur Sensibilisierung, Informationsvermittlung, Analyse, zum Dialog oder der Maßnahmenfindung, alternativ zu klassischen Gesundheitstagen.
Methoden des Feedbacks	Zur Bewertung der Gesundheitsförderungsmaßnahmen wird auf unterschiedliche Methoden des Feedbacks zurückgegriffen. Denkbar ist z. B. die Durchführung von Feedback-Workshops, die Einrichtung regelmäßiger Arbeitsgruppen mit Vorgesetzten und Beschäftigten oder auch die Wiederholung der Beschäftigtenbefragung.
Beschäftigtenbefragung/Analysen	Schriftliche Befragungen (meist Fragebögen) der Beschäftigten zu ihren arbeitsbezogenen Belastungen und Ressourcen und der damit verbundenen Zufriedenheit.
Partizipation	Unter Partizipation wird die aktive Beteiligung der Betroffenen/Beschäftigten verstanden. Für Projekte der Prävention und Gesundheitsförderung bedeutet dies, Vertreter/-innen der Zielgruppen mit ihren Ideen und Bedürfnissen schon in die Planung und Gestaltung der Vorhaben einzubeziehen.

Personalführung

Unter Personalführung ist die Gestaltung des Zusammenwirkens von Führungskräften und Beschäftigten mit der Zielsetzung der Aufgabenbewältigung zu verstehen. Dies kann mittels direkten Verhaltens der Führungskraft (Weisung, Lob, Kritik, Erklärung etc.), kultureller Gepflogenheiten („ungeschriebene Gesetze") sowie der bewussten Gestaltung von Prozessen (Arbeitsabläufe, Feedbackgespräche etc.) und Arbeitsmitteln (Dokumente, Technik, Werkzeug etc.) erfolgen.

Psychische Beanspruchung

Dies ist die Auswirkung psychischer Belastungen auf die einzelne Person. Diese Auswirkungen sind nicht ausschließlich auf die Stärke der Belastung zurückzuführen, sondern hängen auch von individuellen Faktoren wie körperliche und seelische Verfassung sowie Strategien zum Umgang mit Belastungen ab.

Psychische Belastung

Dies sind von außen auf die Psyche einwirkenden Faktoren (DIN EN ISO 10075-1). Diese ergeben sich neben privaten Aspekten und Umweltbedingungen auch aus den Arbeitsbedingungen wie der Arbeitsaufgabe (Art und Umfang der Tätigkeit), der Arbeitsumgebung (Lärm), der Arbeitsorganisation (Arbeitszeit und -abläufe), den sozialen Komponenten (Führungsstil, Arbeitsklima) und den Arbeitsmitteln (Technik, Dokumente, Werkzeuge etc.).

Psychische Störungen

Psychische Störungen bezeichnen erhebliche Abweichungen von der Norm im Denken, Fühlen und Handeln von Personen. In der Regel sind sie mit beeinträchtigtem seelischen Wohlbefinden auf Seiten der Betroffenen verbunden. Sie sind offiziell als Krankheit anerkannt (siehe ICD-10 der WHO).

Qualifizierung Gesundheitskoordinator	Format zur interaktiven Wissensvermittlung (partizipatives Lernen) für betriebsinterne „Laien-Experten", die in Organisationen als Koordinator/innen und Multiplikatoren fungieren sollen.
Ressourcenorientierung	Im Gegensatz zur Defizitorientierung konzentriert sich die Ressourcenorientierung auf das Aufdecken und Aktivieren von Ressourcen und die Förderung der Stärken zur Erreichung von Zielen. Ziel ist die Befähigung (Empowerment) von Personen, auf persönliche bzw. betriebliche Potentiale und Lösungsmöglichkeiten zugreifen zu können.
Rückencoaching	Vortrag über Rückengesundheit am Arbeitsplatz und Ergonomie sowie Begutachtung individueller Arbeitsplätze inklusive Beobachtung des Verhaltens der Arbeitsplatzinhaber mit direkter, konkreter Beratung zu förderlichem Verhalten –im Sinne der neuen Rückenschule.
Stärkung der Gesundheitspotentiale (Salutogenese)	Das Modell der Salutogenese von Aaron Antonovsky gehört zu den einflussreichsten Konzepten in den Gesundheitswissenschaften. Hauptkennzeichen des Modells ist die direkte Frage nach den Entstehungs- und Erhaltungsbedingungen von Gesundheit. Das Modell versteht sich als Ergänzung zur biomedizinischen Krankheitsorientierung. Das Modell läutete einen Paradigmenwechsel ein – hin zu einem gesundheitsbezogenen, ressourcenorientierten und präventiv ansetzenden Modell der Salutogenese. Antonovsky konstruierte Gesundheit und

Krankheit nicht als alternative Zustände, sondern als Extrempole auf einem Gesundheits-Krankheits-Kontinuum, zwischen denen sich Individuen Zeit ihres Lebens bewegen. Die jeweilige Einordnung auf dem Kontinuum ist abhängig von einer gelingenden Mobilisierung eigener Widerstandsressourcen im Umgang mit Stress und Spannungszuständen.

Steuerkreis

Gruppensituation (heterogene Gremium) – mehr Besprechungsformat als realer Workshop mit dem Ziel aktuelle Projekt(fort)schritte zu planen/koordinieren/bewerten. Der Teilnehmerkreis besteht zumindest aus einem/r Repräsentanten/-in der Geschäftsleitung und/oder der Personalleitung, des Betriebs-/Personalrats, dem/r Betriebsarzt/-ärztin, einer Fachkraft für Arbeitssicherheit und einem/-r externen BGF-Experten/-in (Krankenkasse), ggf. auch der Schwerbehindertenvertretung, dem/r Suchtbeauftragten sowie aus Führungskräften von Pilotabteilungen bzw. besonders relevanten Unternehmensbereichen.

Verhaltensprävention

Die Verhaltensprävention umfasst solche Strategien, die auf die Beeinflussung von gesundheitsrelevanten Verhaltensweisen gerichtet sind. Verhaltensprävention kann abzielen auf die Initiierung und Stabilisierung von gesundheitsfördernden Verhaltensweisen oder die Vermeidung und Veränderung von gesundheitsriskanten Verhaltensweisen.

Verhältnisprävention

Verhältnisprävention zielt darauf ab, die Umwelt-, Arbeits- und damit Lebensbedingungen und dadurch die Gesundheit zu verbessern. Hier geht es also nicht um die Personen und ihr Verhalten, sondern um Prozesse (Arbeitsabläufe, Feedbackgespräche etc.) Arbeitsmittel (Dokumente, Technik, Werkzeug etc.), Räumlichkeiten, zeitliche Regelungen und vieles mehr.

Workshop	Gruppensituation (kann heterogen besetzt sein) mit hohem Aktivitätsanteil der Teilnehmenden (viel Einbezug, eigene Themen, selbst ausprobieren und hoher Diskussionsanteil).
Zielfindungs- und Strategie-Workshop	Gruppensituation mit Steuerkreis oder ähnlichem Gremium, in dem die Erwartungen, die Ausrichtung des geplanten Projekts, die Rollen der Beteiligten und die Erfolgskriterien operationalisiert werden.

11. Weiterführende Links

Arbeitskreis BGF – Gesundheit Berlin-Brandenburg e.V.
http://www.gesundheitbb.de/Betriebliche-
Gesundheitsfoerderung.1133.0.html

BGF-Koordinierungsstelle der gesetzlichen Krankenkassen
https://www.bgf-koordinierungsstelle.de/

BMAS – Weißbuch Arbeiten 4.0
http://www.bmas.de/DE/Service/Medien/Publikationen/a883-
weissbuch.html

Bundesanstalt für Arbeitsschutz und Arbeitsmedizin
https://www.baua.de/DE/Home/Home_node.html

Bundesministerium für Gesundheit
https://www.bundesgesundheitsministerium.de/

Bundeszentrale für gesundheitliche Aufklärung
https://www.bzga.de/

Deutsche Gesetzliche Unfallversicherung (DGUV)
http://www.dguv.de/de/index.jsp

Deutsche Rentenversicherung
http://www.deutsche-rentenversicherung.de/Allgemein/
de/Navigation/2_Rente_Reha/02_Rehabilitation/03_
praevention_nachsorge_selbsthilfe/praevention_gesundheitsfoerderung_nod
e.html

Initiative Gesundheit und Arbeit
https://www.iga-info.de/

Initiative Neue Qualität der Arbeit
http://www.inqa.de

Leitfaden Prävention des GKV-Spitzenverbands
https://www.gkv-spitzenverband.de/krankenversicherung/
praevention_selbsthilfe_beratung/praevention_und_bgf/
leitfaden_praevention/leitfaden_praevention.jsp

Offensive Mittelstand
https://www.offensive-mittelstand.de/
https://www.offensive-mittelstand.de/om-praxisstandards/inqa-check-
gesundheit/

Präventionsgesetz
http://www.bundesgesundheitsministerium.de/themen/praevention/praeventi
onsgesetz.html

Psychische Gesundheit in der Arbeitswelt – psyGA
http://psyga.info

Unternehmenswert Mensch
http://www.unternehmens-wert-mensch.de

12. Literaturverzeichnis

Allhoff, D.W. & Allhoff, W. (2006). Rhetorik und Kommunikation. München.

Badke-Schaub, P., Hofinger, G. & Lauche, K. (2012). Human Factors – Psychologie sicheren Handelns in Risikobranchen (2. Auflage). Heidelberg: Springer.

Bamberg, E. (2006). Die Effektivität betrieblicher Gesundheitsförderung: Einer Frage der Untersuchungsmethode? Wirtschaftspsychologie Heft 2/3, S. 40-46.

Bruhn, M. & Ahlers, G. M. (2011). An Integrated Approach to Communications in the Open Innovation Process. In M. Hülsmann & N. Pfeffermann, Stategies and Communications for Innovations: An Integrative Management View for Companies and Networks (S. 133-150). Berlin: Springer.

Buchberger, B., Heymann, R., Huppertz, H., Friepörtner, K., Pomorin, N. & Wasem, J. (2011). Effektivität von Maßnahmen der betrieblichen Gesundheitsförderung zum Erhalt der Arbeitsfähigkeit von Pflegepersonal. Köln: Deutsches Institut für Medizinische Dokumentation und Information.

Bürgermeister, M. (2008). Change und Planung: Zu einem Balanced-Change-Management. Rainer Hampp Verlag: München Mehring.

Burnus, M., Benner, V., Becker, L., Müller, D. & Stock, S. (2014). Entwicklung eines Instruments zur Bedarfsermittlung und zum Monitoring im Betrieblichen Gesundheitsmanagement eines Versicherungskonzerns. Versicherungsmedizin Heft 2, S. 79-87.

Deutsches Aktieninstitut e.V. (2016). Deutsches Aktieninstitut: Kapital. Markt. Kompetenz. Abgerufen am 9. August 2017 von https://www.dai.de/files/ dai_usercontent/dokumente/renditedreieck/2015-12-31 DAX-Rendite-Dreieck 50 Jahre Web.pdf

EFQM. (2012). Das EFQM Excellence Modell im Überblick. Brüssel: EFQM.

Faller, G. (2012). Lehrbuch Betriebliche Gesundheitsförderung (2. Auflage). Bern: Verlag Hans Huber.

Gibson-Odgers, P. (2008). The World of Customer Service (2. Auflage). Mason: Thomson South-Western.

Gloede, D. (2010). Betriebliche Gesundheitsförderung und wirtschaftliche Effizienz: Entwicklungsstand und Perspektiven der Wirtschaftlichkeitsevaluation in der Präventionsforschung. Berlin: Beuth Hochschule für Technik Berlin.

Grossarth-Maticek, R. (2008). Synergetische Präventivmedizin: Forschungsstrategien für Gesundheit. Heidelberg: Springer Medizin.

Harris, M. G. (2006). Managing Health Services: Concepts and Practice (2. Auflage). Marrickville: Elsevier.

Hofmann, C. (2011). Arbeitsschutz und Gesundheitsförderung. Marburg: Tectum Verlag.

Hovráth, P.; Gamm, N.; Möller, K.; Kastner, M.; Schmidt, B. & Iserloh, B. (2009). Betriebliches Gesundheitsmanagement selbst der Balanced Scorecard. Dortmund: Bundesanstalt für Arbeitsschutz und Arbeitsmedizin.

Kauffeld, S. (2011). Arbeits-, Organisations- und Personalpsychologie für Bachelor. Berlin: Springer.

Kirkpatrick, D. (1998). Evaluating Training Programs: The Four Levels. San Francisco/CA: Berrett-Koehler.

Kotter, J. P. (2011). Leading Change: Wie Sie Ihr Unternehmen in acht Schritten erfolgreich verändern. München: Verlag Franz Vahlen.

Lademann, J. & Kolip, P. (2005). Schwerpunktbericht der Gesundheitsberichterstattung des Bundes – Gesundheit von Frauen und Männern im mittleren Lebensalter. Zugriff am 14.03.2017. Verfügbar unter http://www.rki.de/DE/Content/Gesundheitsmonitoring/Gesundheitsberichterstattung/GBEDownloadsT/mittleres_lebensalter.pdf?__blob=publicationFile

Lüerßen, H., Stickling, E., Gundermann, N., Toska, M., Robert Coppik, P. D. & Mikula, D. (2015). BGM im Mittelstand: Ziele, Instrumente und Erfolgsfaktoren für das Betriebliche Gesundheitsmanagement. Köln: Wolters Kluwer Deutschland GmbH.

Mag, M., Nöhammer, E., Eitzinger, C., Schaffenrath-Resi, M. & Stummer, H. (2009). Zielgruppenorientierung und betriebliche Gesundheitsförderung Angebotsgestaltung als Nutzungshemmnis betrieblicher Gesundheitsförderung aus der Mitarbeiterperspektive. Prävention und Gesundheitsförderung (1).

Mühldorfer, C. (2014). Lösungsfokussierte Führung. In Simon Hahnzog (Hrsg.) Betriebliche Gesundheitsförderung – Das Praxishandbuch für den Mittelstand (S. 135-150). Wiesbaden: Springer.

Nerdinger, F. W., Blickle, G. & Schaper, N. (2011). Arbeits- und Organisationspsychologie. Berlin: Springer.

Pieper, C. & Schröer, S. (2015). iga. Report 28: Wirksamkeit und Nutzen betrieblicher Gesundheitsförderung und Prävention – Zusammenstellung der wissenschaftlichen Evidenz 2006 bis 2012. Dresden: Initiative Gesundheit und Arbeit.

Rogers, C. (2003). Client Centred Therapy – Its current practice, implications and theory. London: SAGE.

Schuler, H. & Moser, K. (2014). Lehrbuch Organisationspsychologie. Bern: Huber.

Söllner, R. (2014). Die wirtschaftliche Bedeutung kleiner und mittlerer Unternehmen in Deutschland, Statistisches Bundesamt, Wirtschaft und Statistik.

Statista. (2017a). Statista: Das Statistik-Portal. Abgerufen am 31. Juli 2017 von Durchschnittlicher Bruttomonatsverdienst (mit Sonderzahlungen) vollzeitbeschäftigter Arbeitnehmer nach Wirtschaftsbereichen im 1. Quartal 2017: https://de.statista.com/ statistik/daten/studie/74024/umfrage/bruttover-dienst-vollzeitbeschaeftigter-arbeitnehmer-nach-wirtschaftsbereichen/

Statista. (2017b). Statista: Das Statistik-Portal. Abgerufen am 27. Juli 2017 von Durchschnittliche Anzahl von Arbeitsunfähigkeitstagen in Deutschland im Zeitraum von 2005 bis 2015 (AU-Tage je Mitglied):https://de.statista.com/statistik/daten/studie/251313/umfrage/durchschnittliche-anzahl-von-arbeitsunfaehigkeitstagen-je-versicherten/

Statista. (2017c). Statista: Das Statistik-Portal. Abgerufen am 27. Juli 2017 von Entwicklung der Arbeitsunfähigkeitstage aufgrund psychischer Diagnosen in Deutschland in den Jahren 1997 bis 2016 (AU-Tage pro 100 VJ*): https://de.statista.com/statistik/ daten/studie/253972/umfrage/au-tag-aufgrund-psychischer-diagnosen-in-deutschland/

Tannen, D. (2004). Du kannst mich einfach nicht verstehen: Warum Männer und Frauen aneinander vorbeireden, München.

Uhle, T. & Treier, M. (2015). Betriebliches Gesundheitsmanagement: Gesundheitsförderung in der Arbeitswelt – Mitarbeiter einbinden, Prozesse gestalten, Erfolge messen (3. Auflage). Berlin Heidelberg: Springer.

Sommer/Kuhn/Milletat/Blaschka/Redtzky

Resilienz am Arbeitsplatz

2014, 256 Seiten, 29,90 Euro, ISBN 978-3-86321-176-9

Die Fälle von Arbeitsunfähigkeit wegen psychischer Erkrankung nehmen seit den 1990er-Jahren drastisch zu. Das Thema ist unter dem Stichwort „Burnout" in der öffentlichen Diskussion angekommen. Einige Menschen aber wirft nichts aus der Bahn. Sie strahlen Gelassenheit und Optimismus aus, haben ein tiefes und begründetes Vertrauen in ihre eigenen Fähigkeiten. Was steckt genau dahinter? Was ist ihr Geheimnis? Warum wird hier von Resilienz gesprochen?
Die AutorInnen haben ein Resilienzbarometer für die Arbeitswelt entwickelt. Es regt eine Selbstreflexion in Bezug auf sieben Resilienzfaktoren an und macht sichtbar, auf welche Ressourcen in Krisen zurückgegriffen werden kann. Es zeigt aber auch, welche Bereiche noch gefördert werden können, um die Bewältigung alltäglicher Aufgaben zu erleichtern.

Mabuse-Verlag

Postfach 900647 · 60446 Frankfurt am Main
Tel.: 069 – 70 79 96-16 · Fax: 069 – 70 41 52
info@mabuse-verlag.de · www.mabuse-verlag.de

Dieter Sommer u.a.

Gesunde Schule

Gesundheit – Qualität – Selbstständigkeit

2. Aufl. 2011, 159 S., 18,90 Euro
ISBN 978-3-938304-10-5

Spätestens seit dem PISA-Schock
sind die Fragen nach der Qualität
unserer Schulen in den Brennpunkt
des öffentlichen Interesses gerückt.
Dabei ist Schule in der schwierigen
Situation, immer mehr Probleme
zu lösen, für die sie selbst gar nicht
verantwortlich ist.
Das Buch gibt einen Überblick über
die verschiedenen Handlungsfelder, Inhalte und Instrumente der
„Gesunden Schule".

Dieter Sommer u.a.

Gesunde Kita

Was fördert die Gesundheit
von Kindern und
ErzieherInnen?

2011, 149 S., 19,90 Euro
ISBN 978-3-940529-66-4

Die AutorInnen präsentieren einen
Ansatz der Gesundheitsförderung,
der die Zusammenarbeit sowohl
mit den AkteurInnen in der einzelnen Einrichtung als auch mit den
Trägern erfordert. Sie zeigen, wie
durch ein gesundheitsorientiertes
Qualitätsmanagement mit ver-
gleichsweise geringem Aufwand in
einer großen Zahl von Kitas die Gesundheit von Kindern und ErzieherInnen verbessert werden kann.

Mabuse-Verlag

Postfach 900647 · 60446 Frankfurt am Main
Tel.: 069 – 70 79 96-16 · Fax: 069 – 70 41 52
info@mabuse-verlag.de · www.mabuse-verlag.de

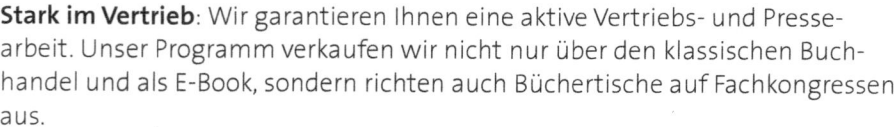